STARK in KLASSENARBEITEN

Terme und Gleichungen

Michael Heinrichs

7.–9. Klasse

Dieses Buch ist öffentliches Eigentum.
Für Verlust und jede Art von
Beschädigung haftet der Entleiher.
Vor allem bitte keinerlei Anstreichungen!
Auch Bleistiftanstreichungen gelten als
Beschädigung des entliehenen Buches!

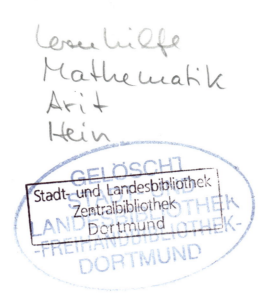

Bildnachweis
Umschlag: © lzf/istockphoto.com
S. 4: © falco/fotolia.com
S. 8: © Attl Tibor/shutterstock
S. 23: Murmeln: © Hue Chee Kong/fotolia.com
S. 47: © Kirsty Pargeter/fotolia.de
S. 48: © Martinased/dreamstime.com
S. 50: © Maxx-Studio/shutterstock
S. 52: © fotomek/fotolia.de
sonstige Bilder: Redaktion

© 2015 by Stark Verlagsgesellschaft mbH & Co. KG
www.stark-verlag.de

Das Werk und alle seine Bestandteile sind urheberrechtlich geschützt. Jede vollständige oder teilweise Vervielfältigung, Verbreitung und Veröffentlichung bedarf der ausdrücklichen Genehmigung des Verlages.

Inhaltsverzeichnis

Vorwort
So arbeitest du mit diesem Buch

Rechenregeln und Rechengesetze 1
    1 Die Grundrechenarten 2
    2 Rechenregeln 4
    3 Rechengesetze 6
    Vermischte Aufgaben 9
    4 Rechnen mit negativen Zahlen 11
    Test 1 13
    Test 2 15

Terme 17
    1 Term und Variable 18
    2 Termwert 21
    3 Terme vereinfachen 24
    Vermischte Aufgaben 29
    Test 3 30
    Test 4 32

Gleichungen lösen und aufstellen 35
    1 Einfache Gleichungen lösen 36
    2 Äquivalenzumformungen 40
    3 Komplexe Gleichungen lösen 43
    4 Gleichungen mit Brüchen 46
    5 Gleichungen aufstellen 48
    6 Formeln umstellen 53
    Test 5 56
    Test 6 58
    Test 7 60

Lösungen 63

Autor: Michael Heinrichs

Auf einen Blick!

Vorwort

Liebe Schülerin, lieber Schüler,

das Lösen von Gleichungen mag auf den ersten Blick kompliziert erscheinen. Doch wenn man die **Grundlagen** beherrscht und beim Auflösen **Schritt für Schritt** vorgeht, sind die Aufgaben nur noch halb so schwer.

Zu den Grundlagen gehören zum einen die Rechenregeln, zum anderen der sichere Umgang mit Termen. Beides kannst du in den ersten beiden Kapiteln des Buches ausführlich wiederholen, üben und festigen, bevor es im dritten Kapitel an das Lösen von Gleichungen geht.

Das Buch ist folgendermaßen aufgebaut:

- Klar strukturierte **Schritt-für-Schritt-Erklärungen** vermitteln die Lerninhalte so, dass du sie wirklich verstehst und auch anwenden kannst.
- Zahlreiche **Aufgaben** helfen dir dabei, den neu gelernten Stoff zu festigen.
- **Tests** zur Selbstüberprüfung geben einen Überblick über deinen aktuellen Leistungsstand.
- Ausführliche **Lösungsvorschläge** sorgen dafür, dass du deine Rechenwege selbstständig kontrollieren und verbessern kannst.

Du wirst sehen, wenn du parallel zum Unterricht mit diesem Buch arbeitest, wird dir das Thema Terme und Gleichungen schon bald viel leichterfallen und du kannst **stark in** deine nächste **Klassenarbeit** gehen!

Viel Spaß beim Üben und viel Erfolg bei deinen Klassenarbeiten wünscht dir

M. Heinrichs

Michael Heinrichs

So arbeitest du mit diesem Buch

Jedes Kapitel in diesem Buch ist wie folgt aufgebaut:

- Wichtige Begriffe werden in **Wissenskästen** erklärt und im Anschluss durch anschauliche Beispiele verdeutlicht. Lies dir die Erklärungen und Rechnungen gut durch, damit du die folgenden Aufgaben selbstständig lösen kannst.

- Um dein Wissen zu sichern, stehen dir auf den folgenden Seiten zahlreiche **Aufgaben** zur Verfügung.

    Die Eule gibt dir an einigen Stellen **Tipps**, die dir bei der Lösung helfen. Lies sie am besten erst, wenn du alleine nicht weiterkommst.

    Besonders **knifflige** Aufgaben sind mit einem Stern gekennzeichnet. Lass dich nicht entmutigen, wenn du sie nicht auf Anhieb schaffst.

- Nachdem du ein großes Kapitel durchgearbeitet hast, kannst du dich an die **Tests** zur Überprüfung deines Leistungsstandes wagen. Aufgaben wie hier können dir auch in deiner nächsten Klassenarbeit begegnen. Versuche daher, den Test in der vorgegebenen Zeit und ohne weitere Hilfsmittel zu lösen. Die Punkteverteilung zeigt dir, wie gut du das Thema beherrschst:

    Du bist in diesem Themenbereich fit, gehe zum nächsten Kapitel über.

    Es sitzt noch nicht alles, wiederhole die für dich schwierigen Themen.

    Du hast noch größere Lücken, schaue dir alle Wissenskästen erneut an und arbeite die Aufgaben dazu noch einmal durch.

- Am Ende des Buches findest du zu allen Aufgaben ausführlich vorgerechnete **Lösungen**, mit denen du deine Ergebnisse überprüfen kannst. Versuche aber immer erst, die Aufgaben eigenständig zu bearbeiten, denn nur wenn du sie selbst rechnest, bleibt dir die Vorgehensweise im Gedächtnis. Danach solltest du deine Ergebnisse aber auf jeden Fall mit denen im Buch vergleichen, damit du siehst, ob dein Lösungsansatz richtig war.

Auf einen Blick!

So arbeitest du mit diesem Buch

Hier kannst du eintragen, wie gut du bei den Tests zu den einzelnen Kapiteln abgeschnitten hast. Auf diese Weise behältst du immer den **Überblick** über deinen aktuellen Leistungsstand.

Testergebnisse			
1 Rechenregeln und Rechengesetze			
2 Rechenregeln und Rechengesetze			
3 Terme			
4 Terme			
5 Gleichungen lösen und aufstellen			
6 Gleichungen lösen und aufstellen			
7 Gleichungen lösen und aufstellen			

Auf einen Blick!

Rechenregeln und Rechengesetze

Welche 4 Kärtchen passen zusammen? Verbinde.

Vertiefe dein Wissen!

Rechenregeln und Rechengesetze

1 Die Grundrechenarten

In der Mathematik gibt es für alle Grundrechenarten wichtige **Fachbegriffe**, die du können solltest. So spricht man z. B. bei einer Plusaufgabe von einer Addition und bei einer Malaufgabe von einer Multiplikation.

> **WISSEN**
>
> - **Addieren, Addition:**
>
> $28 + 36 = 64$
>
>   1. Summand   2. Summand   Wert der Summe
>
> - **Subtrahieren, Subtraktion:**
>
> $45 - 18 = 27$
>
>   Minuend   Subtrahend   Wert der Differenz
>
> - **Multiplizieren, Multiplikation:**
>
> $12 \cdot 16 = 192$
>
>   1. Faktor   2. Faktor   Wert des Produkts
>
> - **Dividieren, Division:**
>
> $78 : 6 = 13$
>
>   Dividend   Divisor   Wert des Quotienten

BEISPIEL

a Berechne die Differenz aus 26 und 12.

Lösung:
$26 - 12 = 14$ Differenz: „−"

b Subtrahiere 10 vom Quotient aus 60 und 5.

Lösung:
$60 : 5 - 10 = 12 - 10 = 2$ Quotient: „:"   Subtrahieren: „−"

1 Schreibe als Rechnung und bestimme das Ergebnis.

a Bilde die Summe aus 18 und 22.

b Subtrahiere 23 von 56.

c Berechne den Quotienten aus 56 und 7.

d Multipliziere 8 mit 5 und subtrahiere anschließend 5.

Vertiefe dein Wissen!

Rechenregeln und Rechengesetze

e Dividiere 45 durch 15 und addiere anschließend 17.

f Addiere 12 zur Differenz aus 22 und 8.

g Addiere zum Produkt aus 12 und 4 den Quotienten aus 72 und 6.

2 Übersetze die folgenden Aufgaben in die mathematische Fachsprache.

   a $7+8$ **b** $18-6$

   c $49:7$ **d** $22 \cdot 4$

   e $11 \cdot 6 - 5$ **f** $44:11+16$

3 Ergänze die fehlenden Summanden.

TIPP Löse z. B. mit einer Umkehraufgabe.

   a $12 + $ 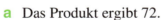 $= 28$ **b** 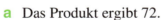 $+ 54 = 78$

   c $32 + $  $+ 18 = 74$ **d** 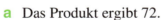 $+ 26 - 18 = 20$

4 Finde 5 Rechnungen, …

   a deren Summe 88 ergibt.

   b deren Quotient 6 ist.

5 Wähle rechts jeweils 2 geeignete Zahlen aus, die du zu dem gesuchten Ergebnis verknüpfen kannst.

   a Das Produkt ergibt 72.

   b Die Differenz ergibt 12.

   c Der Quotient ist 2.

   d Die Summe ergibt 15.

   e Das Produkt ist möglichst groß.

   f Die Summe ist möglichst klein.

   g Die Differenz ist eine ungerade Zahl.

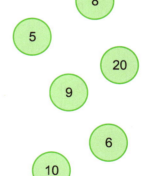

 6 Wie verändert sich ein Produkt, wenn man beide Faktoren verdoppelt?

Vertiefe dein Wissen!

Rechenregeln und Rechengesetze

2 Rechenregeln

Bei längeren Rechenaufgaben gibt es in der Mathematik gewisse „**Vorfahrtsregeln**", die man beim Lösen der Aufgaben beachten muss.

WISSEN

Vorfahrtsregeln

- Kommen in der Rechnung **Klammern** vor, berechne diese immer **zuerst**.
- **Punkt**rechnung kommt **vor Strich**rechnung, d.h., rechne zuerst · und : dann + und –.
- Rechne ansonsten von **links** nach **rechts**.

Zusammengefasst gilt: Klammer- vor Punkt- vor Strichrechnung

BEISPIEL Berechne $50-(8+5)\cdot 3$.

Lösung:
$50-(8+5)\cdot 3=$ Berechne zuerst die **Klammer**.
$50-13\cdot 3=$ Danach folgt die **Punktrechnung**.
$50-39=11$

7 Löse das Kreuzzahlrätsel. Beachte dabei die Rechenregeln.

waagrecht
a $24-(12+8)$
c $90\cdot 10-5\cdot 6$

b $32+4\cdot 8$
d $22-3\cdot 6+15$

senkrecht
a $(18-6)\cdot 4$
b $4\cdot (98+23)+118$
e $419+2\,100:7$
f $(36-29)\cdot (42-35)$

8 Berechne die Lösungen.

a $54{,}2-(56{,}9-16{,}1)$

b $34{,}2-(27{,}5+3)+18{,}8$

c $(4{,}5+5{,}5)\cdot (8{,}1-3{,}2)$

d $\dfrac{1}{2}+12\cdot 9-\dfrac{3}{4}$

Vertiefe dein Wissen!

Rechenregeln und Rechengesetze

9 Setze (wenn nötig) Klammern so, dass das Ergebnis stimmt.

a $18-12\cdot 8-2=36$
b $5+9\cdot 2-8=15$
c $56-8-6+3=45$
d $80-9-5+6=60$
e $80:8-4=20$
f $150:25+8\cdot 5=46$

10 Berechne zunächst die fehlenden Werte im Rechenbaum. Schreibe die gesamte Rechnung dann in Form eines Klammerausdrucks.

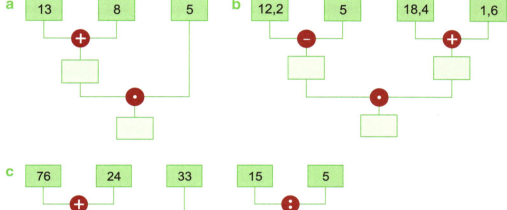

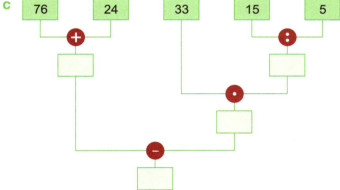

11 Übersetze die Aufgaben in die mathematische Fachsprache.

a $(12+5)\cdot(18-5)$
b $12+6-(15-8)$

12 Kommen in einer Rechnung ineinander verschachtelte Klammerausdrücke vor, berechnet man immer zuerst die **innere** Klammer. Löse die folgenden Aufgaben auf diese Weise.

a $(5\cdot 6-3)+[56-(2+39)]$
b $18\cdot 5-[5\cdot 6-(12-8)]$
c $[125:(20+5)]\cdot 4$
d $[88:(11-3)+4]\cdot 5$

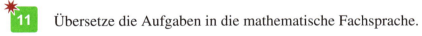

Vertiefe dein Wissen!

Rechenregeln und Rechengesetze

3 Rechengesetze

In der Mathematik kann man sich durch die Anwendung von Rechengesetzen häufig das Rechnen **vereinfachen**. Die bekanntesten Gesetze sind das Kommutativgesetz, das Assoziativgesetz und das Distributivgesetz.

> **WISSEN**
>
> **Vertauschungsgesetz** (Kommutativgesetz)
> Beim **Addieren** und **Multiplizieren** dürfen die Summanden bzw. Faktoren beliebig **vertauscht** werden, ohne dass sich das Ergebnis ändert.
> - **Addition:** $a + b = b + a$
> - **Multiplikation:** $a \cdot b = b \cdot a$
>
> *Achtung*: Das Kommutativgesetz gilt **nicht** für die Subtraktion und Division!

BEISPIEL

a $6 + 9 = 9 + 6$
   $15 = 15$
   Das Ergebnis ist **gleich**.

b $8 \cdot 3 = 3 \cdot 8$
   $24 = 24$

c $\mathbf{12} + 16 + \mathbf{8} = 8 + 12 + 16$
   $= 20 + 16$
   $= 36$
   Wenn du die Reihenfolge **geschickt** änderst, kannst du leichter rechnen.

d $30 : 5 \neq 5 : 30$
   Bei der Subtraktion und Division gilt das Kommutativgesetz **nicht**.

13 Berechne geschickt. Nutze dabei das Kommutativgesetz, wenn nötig.

a $38 + 29 + 31$ b $18 + 34 + 22$

c $6,3 + 3,2 + 1,7$ d $14,28 + 13 + 37 + 25,72$

e $39 + 27 + 18 + 12 + 23 + 41$ f $4 \cdot 9 \cdot 5$

g $5 \cdot 11 \cdot 4$ h $\frac{1}{5} + \frac{1}{3} + \frac{2}{5} + \frac{2}{3}$

i $\frac{7}{10} + \frac{1}{4} + \frac{3}{10} + \frac{3}{4}$ j $\frac{5}{6} + \frac{2}{3} + \frac{1}{3} + \frac{1}{6}$

Vertiefe dein Wissen!

Rechenregeln und Rechengesetze

WISSEN

Verbindungsgesetz (Assoziativgesetz)
Beim **Addieren** und **Multiplizieren** dürfen die Summanden bzw. Faktoren durch Klammern beliebig **zusammengefasst** werden.
- **Addition:** $(a+b)+c = a+(b+c)$
- **Multiplikation:** $(a \cdot b) \cdot c = a \cdot (b \cdot c)$

Achtung: Auch das Assoziativgesetz gilt **nicht** bei der Subtraktion und Division!

BEISPIEL

a $(3+12)+7 = 3+(12+7)$
$15+7 = 3+19$
$22 = 22$

Das Ergebnis ist **gleich**.

b $(8 \cdot 6) \cdot 5 = 8 \cdot (6 \cdot 5)$
$48 \cdot 5 = 8 \cdot 30$
$240 = 240$

c $(17+19)+11 = 17+(19+11)$
$= 17+30$
$= 47$

Das Setzen von anderen Klammern kann das Rechnen **erleichtern**.

d $(7-4)-2 \neq 7-(4-2)$
$3-2 \neq 7-2$
$1 \neq 5$

Bei der Subtraktion und Division gilt das Assoziativgesetz **nicht**.

14 Erleichtere dir die Aufgaben, indem du das Assoziativgesetz anwendest.

a $(39+28)+72$
b $(37+39)+111+11$
c $29,5+(100,5+43)+57$
d $[(69+133)+(67+25)]+175$
e $(18 \cdot 12) \cdot 5$
f $(6 \cdot 10) \cdot 2,2$

15 Setze geeignete Klammern und berechne.

a $24+28+12$
b $38+85+15$
c $196,2+103,8+33,3$
d $39,5+54+6+10,9$
e $9 \cdot 4 \cdot 5$
f $8 \cdot 5 \cdot 5 \cdot 6$

Vertiefe dein Wissen!

Rechenregeln und Rechengesetze

8

> **WISSEN**
>
> **Verteilungsgesetz** (Distributivgesetz)
> Multipliziert man eine **Zahl mit einer Summe oder Differenz**, muss man die Zahl mit jedem Element aus der Klammer multiplizieren. Anschließend addiert bzw. subtrahiert man die Produkte.
>
> $a \cdot (b + c) = a \cdot b + a \cdot c$ $\qquad$ $(a - b) \cdot c = a \cdot c - b \cdot c$

BEISPIEL

a $\quad 4 \cdot (5 + 6) = 4 \cdot 5 + 4 \cdot 6$
$\qquad\qquad\quad = 20 + 24$
$\qquad\qquad\quad = 44$

Man sagt, die Klammer wird **ausmultipliziert**.

b $\quad 3 \cdot 8 - 3 \cdot 6 = 3 \cdot (8 - 6)$
$\qquad\qquad\quad = 3 \cdot 2$
$\qquad\qquad\quad = 6$

Gleiche Faktoren kannst du **ausklammern**.

16 Multipliziere die Klammern aus und berechne dann das Ergebnis.

a $\quad 6 \cdot (4 + 8)$ $\qquad\qquad\qquad$ b $\quad 8 \cdot (12 - 3)$

c $\quad (4 + 3 + 7) \cdot 13$ $\qquad\qquad$ d $\quad 10 \cdot (3{,}3 + 6 - 2{,}8 + 8{,}2)$

TIPP Achte auf die Vorzeichen.

17 Klammere die gleichen Faktoren aus und berechne das Ergebnis.

a $\quad 3 \cdot 7 + 3 \cdot 8$ $\qquad\qquad\qquad$ b $\quad 12 \cdot 9{,}6 - 12 \cdot 6{,}6$

c $\quad 3 \cdot 6 + 4 \cdot 6 + 9 \cdot 6$ $\qquad\quad$ d $\quad 10 \cdot 1{,}9 + 2{,}2 \cdot 10 + 3{,}3 \cdot 10 + 10 \cdot 1{,}6$

18 Martin fährt mit seinem Fahrrad 5-mal in der Woche zum Training (hin und zurück 6 km), 5-mal zur Schule (hin und zurück 8 km) und 5-mal zu seiner Freundin (hin und zurück 10 km). Schreibe einen möglichst kurzen Rechenausdruck für die Wegstrecke, die er in einer Woche zurücklegt, und berechne.

19 Ulf bekommt von seinen Eltern 75 € und von seiner Oma 15 € Taschengeld im Monat. Wie viel Taschengeld bekommt Ulf in einem Jahr? Schreibe die Rechnung mit Klammern.

Vertiefe dein Wissen!

Rechenregeln und Rechengesetze

Vermischte Aufgaben

20 Erfinde selbst jeweils eine Aufgabe, bei der du …

a das Kommutativgesetz anwenden kannst.

b das Assoziativgesetz anwenden kannst.

c das Distributivgesetz anwenden kannst.

21 Welche Aufgabe gehört zu welcher Rechnung? Ordne richtig zu.

| Multipliziere die Summe aus 3 und 9 mit 8. | Bilde die Summe aus 8, 3 und 9. | Addiere 9 zum Produkt aus 8 und 3. | Multipliziere 8 mit dem Produkt aus 3 und 9. |

| 8 + 3 + 9 | 8 · 3 · 9 | 8 · (3 + 9) | 8 · 3 + 9 |

22 Schreibe die Rechnungen auf und bestimme das Ergebnis.

TIPP: Denke daran, Klammern zu setzen.

a Multipliziere die Summe aus 5,5 und 6,6 mit der Differenz aus 17 und 12.

b Berechne das Produkt aus der Differenz von $\frac{7}{10}$ und $\frac{3}{10}$ und dem Quotienten von 18 und 3.

c Subtrahiere von der Summe aus 63,9 und 28 die Differenz aus 78,2 und 37,4.

23 Setze Klammern so, dass du möglichst vorteilhaft rechnen kannst. Wende zunächst das Kommutativgesetz an, wenn nötig.

a $33,5 + 19,1 + 20,9$

b $156 + 22 + 34$

c $166 + 93,7 + 134$

d $87 + 28 + 33 + 62$

Vertiefe dein Wissen!

Rechenregeln und Rechengesetze

24 Fülle die Lücken so, dass die Rechnungen stimmen. Berechne dann das Ergebnis.

TIPP: Wende das Distributivgesetz an.

a $3 \cdot (12+15) = 3 \cdot \_\_ + 3 \cdot \_\_ =$

b $(18+7) \cdot 4 = 18 \cdot \_\_ + 7 \cdot \_\_ =$

c $2 \cdot (12-5) = 2 \cdot \_\_ - 5 \cdot \_\_ =$

d $(14-8) \cdot 5 = \_\_ \cdot 14 - \_\_ \cdot 8 =$

25 Timo hat seine Hausaufgaben gemacht. Bei manchen Rechnungen sind ihm Fehler unterlaufen. Kannst du die Fehler finden, erklären und verbessern?

a $4 + 3 \cdot 5 = 35$

b $2 \cdot 3{,}3 + 3{,}3 \cdot 2 = 13{,}2$

c $8 \cdot (3{,}2 + 4{,}8) = 30{,}4$

d $0{,}5 \cdot (1{,}4 + 5{,}6) + 42 : (6+1) = 0{,}5 \cdot 7 + 7 + 1 = 11{,}5$

26 Erstelle mit den vorgegebenen Zahlen und Rechenzeichen eine Aufgabe, …

a mit einem möglichst hohen Ergebnis.

b mit einem Ergebnis, das möglichst nahe bei 0 liegt.

c mit einem Ergebnis, dass möglichst nahe bei 100 liegt.

Du darfst jedes Kärtchen nur einmal verwenden und Klammern setzen.

27 Rechne möglichst geschickt. Wende das Assoziativ-, das Kommutativ- und/oder das Distributivgesetz an, wenn es sinnvoll ist.

a $0{,}3 + (0{,}8 + 0{,}7) + 1{,}2 \cdot 5$

b $\frac{1}{3} \cdot 5 + 6 \cdot \frac{1}{3} - \frac{1}{3} \cdot 4$

c $\left(\frac{2}{8} + \frac{1}{4}\right) + \frac{2}{4} + \left(\frac{1}{2} + \frac{1}{4}\right) - 0{,}25$

d $\left(\frac{1}{2} + \frac{1}{8}\right) + \frac{3}{8} \cdot 3 + \left(0{,}5 - \frac{1}{8}\right)$

e $0{,}7 + \frac{2}{5} - 0{,}4 + \frac{4}{10} + 1{,}2 - \frac{1}{10} - 1{,}5 - \frac{7}{10}$

f $(0{,}4 \cdot 0{,}2) \cdot 5 + 0{,}25 \cdot (0{,}3 \cdot 4) + 0{,}3$

Vertiefe dein Wissen!

Rechenregeln und Rechengesetze

4 Rechnen mit negativen Zahlen

In einigen Bereichen des täglichen Lebens benötigt man Zahlen, die **unterhalb der Null** liegen. Diese sogenannten negativen Zahlen können gut an einer **Zahlengeraden** veranschaulicht werden:

WISSEN

Treffen bei der Addition bzw. Subtraktion ein Rechen- und ein Vorzeichen aufeinander, gilt:

- Sind **Rechen- und Vorzeichen gleich**, können die Zeichen zu einem **Plus-Rechenzeichen** zusammengefasst werden.
- Sind **Rechen- und Vorzeichen verschieden**, werden die Zeichen zu einem **Minus-Rechenzeichen** zusammengefasst.

BEISPIEL

a $\quad 2-(-5)=2+5=7 \qquad$ Rechen- und Vorzeichen sind **gleich:** +

b $\quad -8+(-3)=-8-3=-11 \qquad$ Rechen- und Vorzeichen sind **verschieden:** −

28 Löse die Aufgaben an der Zahlengeraden. Denke dabei daran: Bei der Addition einer Zahl geht man auf der Zahlengeraden nach rechts, bei der Subtraktion nach links.

a $\quad -8+5 \qquad\qquad$ b $\quad -7+10$

c $\quad -3-5 \qquad\qquad$ d $\quad 4-9$

29 An einem Thermometer werden jeweils am Vormittag und am Nachmittag die Temperaturen abgelesen. Der Temperaturunterschied ist im Folgenden jeweils über dem Pfeil dargestellt. Ergänze die fehlenden Werte.

a $\quad -8\,°C \xrightarrow{+5\,°C} \square\,°C \qquad$ b $\quad \square\,°C \xleftarrow{-5{,}5\,°C} -12{,}5\,°C$

c $\quad \square\,°C \xrightarrow{+12\,°C} 8\,°C \qquad$ d $\quad -14{,}5\,°C \xleftarrow{-8\,°C} \square\,°C$

e $\quad -4\,°C \xrightarrow{\square\,°C} 7\,°C \qquad$ f $\quad -2\,°C \xleftarrow{\square\,°C} -3\,°C$

Vertiefe dein Wissen!

Rechenregeln und Rechengesetze

30 Berechne das Ergebnis.

a $-5-(-5)$

b $18+(-6)$

c $-3{,}2-(-6)$

d $3{,}5-(+6)$

e $-\dfrac{3}{8}-\left(-\dfrac{5}{8}\right)$

f $-\dfrac{3}{7}+\left(-\dfrac{2}{7}\right)$

g $-\dfrac{1}{2}-\left(-\dfrac{3}{4}\right)$

h $-\dfrac{1}{4}-\left(+\dfrac{1}{2}\right)$

WISSEN

Bei der Multiplikation und Division von negativen Zahlen gilt:
- Haben beide Zahlen das **gleiche Vorzeichen**, ist das Ergebnis **positiv**.
- Haben die Zahlen **verschiedene Vorzeichen**, ist das Ergebnis **negativ**.

BEISPIEL

a $-7 \cdot (-8) = +56$ **Gleiche** Vorzeichen: Das Ergebnis ist positiv.

b $-24 : 4 = -6$ **Verschiedene** Vorzeichen: Das Ergebnis ist negativ.

---

31 Bestimme die fehlenden Werte.

a $8 \cdot (-6) = \square$

b $-32 : (-8) = \square$

c $-7 \cdot 5 = \square$

d $-45 : \square = 9$

e $\square \cdot (-3) = 27$

f $\dfrac{5}{9} : (-3) = \square$

g $\dfrac{3}{4} \cdot (-6) = \square$

h $-\dfrac{2}{3} \cdot \square = \dfrac{6}{15}$

---

32 Ergänze die Tabelle.

·	4	−6	8	−5
−5				
		−36		

▸ Vertiefe dein Wissen!

Rechenregeln und Rechengesetze

40 Minuten

Test 1

1 Erfinde 3 unterschiedliche Aufgaben, die die Differenz 34 ergeben.

___ von 1,5

2 Übersetze die dargestellten Aufgaben in die mathematische Fachsprache.

a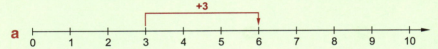

b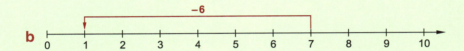

___ von 2

3 Setze Klammern so, dass das Ergebnis stimmt.

___ von 1   a $42 - 36 - 18 = 24$ b $6 \cdot 9 + 5 = 84$

4 Berechne.

a $12 + 5 \cdot 4 - 18 =$

b $5 \cdot (6-4) + 3 \cdot 8 =$

c $(88 - 52) \cdot (56 : 8) \cdot 2 =$

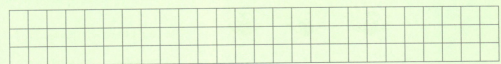

___ von 4,5

Teste dein Wissen!

Rechenregeln und Rechengesetze

5 Berechne die fehlenden Werte im Rechenbaum und schreibe als Klammerausdruck.

a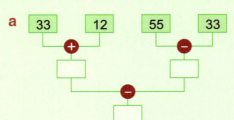
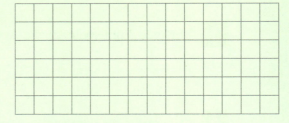

b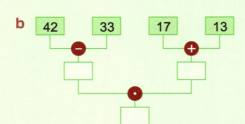

___ von 5

6 Schreibe als Rechnung und berechne das Ergebnis.

a Addiere zu der Zahl 23 das Produkt der Zahlen 28 und 17.

b Multipliziere die Zahl 25 mit der Differenz aus 17 und 4.

___ von 4

7 Erkläre das Kommutativgesetz an einer Beispielaufgabe.

___ von 2

So lange habe ich gebraucht: _____

So viele Punkte habe ich erreicht: _____

Teste dein Wissen!

Rechenregeln und Rechengesetze

Test 2
40 Minuten

1 Erfinde 3 unterschiedliche Aufgaben, die das Produkt 64 ergeben.

___ von 1,5

2 Schreibe als Aufgabe mit Platzhalter und berechne die fehlende Zahl.

a Zu welcher Zahl muss man 27 addieren, damit man 39 erhält?

b Durch welche Zahl muss man 99 dividieren, um 33 zu erhalten?

___ von 4

3 Übersetze die Aufgaben in die mathematische Fachsprache und berechne das Ergebnis.

a $23 \xrightarrow{+32} \square$

b $25 \xrightarrow{\cdot 4} \square \xrightarrow{+8} \square$

___ von 3,5

4 Erkläre das Assoziativgesetz an einer Beispielaufgabe.

___ von 2

Teste dein Wissen!

Rechenregeln und Rechengesetze

16

5 Welches Ergebnis passt zu welcher Rechenaufgabe? Verbinde richtig.

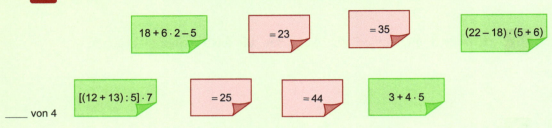

___ von 4

6 Bei den Rechnungen wurden jeweils Fehler gemacht. Erkläre und berichtige.

a $6 \cdot 3 + 6 \cdot 4 = 3 \cdot (6+4) = 3 \cdot 10 = 30$

b $4 \cdot 5 + 4 \cdot 6 + 4 \cdot 7 + 3 \cdot 8 = 4 \cdot (5+6+7+8) = 4 \cdot 26 = 104$

___ von 4

7 Wenn du Aufgaben im Kopf rechnest, kannst du größere Zahlen zerlegen, damit du einfacher zum Ergebnis kommst.
Beispiel: $14 \cdot 18 = (10+4) \cdot 18 = 10 \cdot 18 + 4 \cdot 18 = 180 + 72 = 252$
Schreibe deinen Rechenweg bei der folgenden Aufgabe genauso ausführlich.

$13 \cdot 16 =$

___ von 1

| 20 bis 15 | 14,5 bis 10 | 9,5 bis 0 |

So lange habe ich gebraucht: _____

So viele Punkte habe ich erreicht: _____

Teste dein Wissen!

Terme

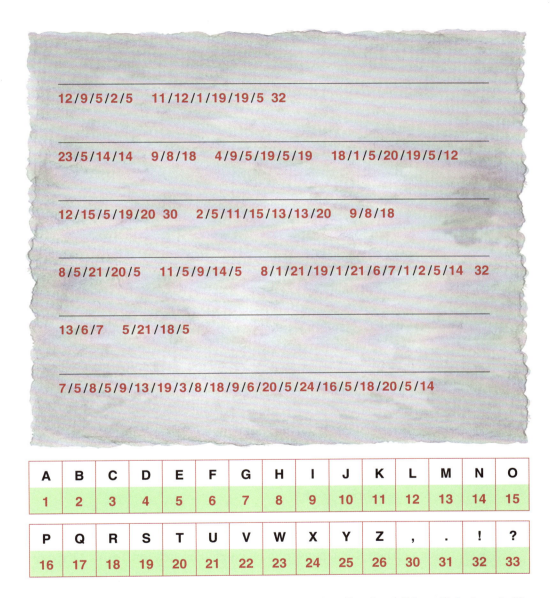

Auf einer Geburtstagsfeier haben Leonie und Kim die abgebildete Geheimschrift erfunden. Am nächsten Tag in der Schule erlaubt die Deutschlehrerin, dass der Rest der Klasse versucht, den Brief, der entstanden ist, zu entschlüsseln.

Vertiefe dein Wissen!

Terme

1 Term und Variable

In Aufgaben wie 15 + ☐ = 22 sucht man für den **Platzhalter** ☐ eine passende Zahl, damit die Rechnung stimmt. Dieser Platzhalter ist in der Mathematik häufig ein Buchstabe, wie z. B **x** oder **a**. Die Aufgabe oben schreibt man dann als 15 + **x** = 22.

> **WISSEN**
>
> - Eine **Variable** ist ein Buchstabe, der als Platzhalter für eine bestimmte Zahl steht.
> - **Terme** sind **sinnvolle** Rechenausdrücke, die aus Zahlen, Variablen, Rechenzeichen und/oder Klammern bestehen.

BEISPIEL

a Bei welchen Ausdrücken handelt es sich um Terme?
x + 9   (12 − 8) · 4   (12 − y) +

Lösung:
Terme: x + 9, (12 − 8) · 4   **sinnvoller** Rechenausdruck
kein Term: (12 − y) +   **kein** sinnvoller Rechenausdruck

b Welche Zahl musst du bei 15 + **x** = 22 für die Variable einsetzen, damit die Rechnung stimmt?

Lösung:
Man muss für x die Zahl **7** einsetzen.   x = 7 ⇒ 15 + **7** = 22

c Stelle einen Term auf, mit dem du die Länge der Figur berechnen kannst.

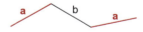

Lösung:
a + **b** + **a** = 2 · **a** + **b**

33 Bei welchen Rechenausdrücken handelt es sich um Terme? Kreuze an.

☐ 2 · y − 3 · x   ☐ (x + · 9) + 5
☐ (a + 4 · b) · c   ☐ 7 · x + 3 · z
☐ 3 · a) + c · b   ☐ (x · (−3)) − 7

— *Vertiefe dein Wissen!*

Terme

34 Gib jeweils an, für welche Zahl die Variable steht. Wenn es mehrere Möglichkeiten gibt, gib mindestens 2 an.

a **x** ist der Vorgänger von 49.

b Der Nachfolger von 425 ist **y**.

c Weihnachten ist immer am **z**. Dezember.

d Bei einem Fußballspiel stehen **a** Spieler auf dem Platz.

e **b** ist eine ungerade Zahl zwischen 1 und 10.

f Zwischen 1 und 10 gibt es **c** Primzahlen.

35 Für welche Zahl steht die Variable?

a
```
   x 1 5
 + 3 1 x
 -------
   5 x 7
```

b
```
   7 1 y
 + y 3 y
 -------
   1 1 4 8
```

36 Stelle jeweils einen Term für die Länge der Figur auf.

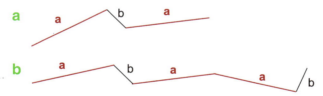

37 Ordne jeder Aussage den passenden Term zu. Für welche Angabe steht jeweils die Variable x, für welche der Term?

a Nico ist 2 Jahre älter als Nora.

b Monika ist 20 Jahre jünger als Marianne.

c Pascal ist 3-mal so alt wie Max.

d Clemens hat 4 Fußballsticker mehr als Mario.

e Irina hat 3 Armbänder weniger als Franziska.

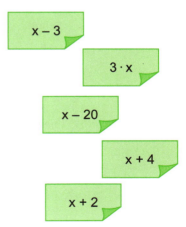

Vertiefe dein Wissen!

Terme

38 Stelle jeweils einen Term auf. Schreibe für die unbekannte Zahl x.

a Bilde das Produkt aus einer Zahl und 6 und addiere zum Ergebnis 24.

b Subtrahiere eine Zahl von 50 und addiere 15.

c Subtrahiere von einer Zahl 50 und multipliziere das Ergebnis mit 3.

d Addiere 25 zu einer Zahl und multipliziere das Ergebnis mit 4.

e Bilde das Produkt aus einer Zahl und 4 und dividiere das Ergebnis durch 2.

39 Bestimme jeweils den Wert der Variablen und ergänze die Additionsmauern.

TIPP *Gleiche Variablen stehen für gleiche Zahlen.*

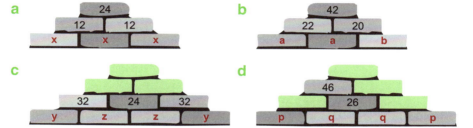

40 Gibt es mehrere mögliche Werte für die Variablen? Wenn ja, gib 3 an.

41 Aus Streichhölzern werden die unten abgebildeten Figuren gelegt. In jedem Schritt wird dabei ein Dreieck angelegt.

a Die Tabelle gibt die Gesamtanzahl der Streichhölzer an, die bei jedem Schritt gebraucht werden. Ergänze sie.

1. Schritt	2. Schritt	3. Schritt	4. Schritt	5. Schritt	6. Schritt
3	5	7			

b Stelle einen Term auf, mit dem man die Anzahl der benötigten Streichhölzer im x. Schritt berechnen kann.

Vertiefe dein Wissen!

Terme

2 Termwert

Toni baut die abgebildete Strecke aus Holzleisten nach. Er wählt für die **längeren Stücke** 20 cm lange Leisten, für die **kurzen Stücke** verwendet er 15 cm lange Leisten. Wie lang wird die Strecke?

WISSEN

- Der **Termwert** gibt den Wert des Terms an, den man erhält, wenn man für die Variable eine bestimmte Zahl einsetzt.
- Beim Einsetzen müssen **gleiche Variablen** auch durch **gleiche Zahlen** ersetzt werden.

BEISPIEL

a Setze für a = 5 in die Terme ein und berechne den Termwert:

12 + a   a + 18 − a   3 · a

Lösung:

12 + 5 = 17   5 + 18 − 5 = 18   3 · 5 = 15

b Wie lange ist die gesamte Strecke, die Toni baut?

Lösung:

Term: 2 · x + 3 · y   **Stelle** zunächst den Term **auf**.

2 · 20 cm + 3 · 15 cm = 40 cm + 45 cm   **Setze** dann die Werte **ein**.
$\qquad\qquad\qquad\qquad\quad$ = 85 cm

Die gesamte Strecke ist 85 cm lang.

42 Setze für die verschiedenen Platzhalter jeweils die Zahl 12 ein und berechne dann.

a ___ + 6

b ♥ + 9

c ☐ − 8

d 5 · ✽

e 6 · a + 12

f 3 · x − 10

43 Bilde mithilfe der Kärtchen 5 unterschiedliche Terme und berechne den Termwert jeweils für x = 3 und y = 5.

8   6   2   x   y   +   −   ·

Vertiefe dein Wissen!

Terme

44 Setze für a die gegebenen Werte ein und berechne jeweils den Termwert.

a	a + 12	8 · a	5 · a − 18
4			
6			
8,8			
−5			

45 Berechne die Termwerte für x = 6 und y = 11. Ordne die Ergebnisse von groß nach klein und du erhältst ein Lösungswort.

TIPP Beachte: 5 · x = 5x

Z	x + y	P	x + 8 + y
T	13 − x + y	E	5x − 2y
I	18 + 2x − y	S	6y + 8 − 3x

☐ ☐ ☐ ☐ ☐ ☐

46 Ein helles Brötchen (x) kostet 0,22 €, ein Körnerbrötchen (y) 0,45 € und ein süßes Brötchen (z) 0,65 €.

a Stelle einen Term auf, mit dem man die Gesamtkosten eines Einkaufs – abhängig von der Menge der gekauften Brötchen – berechnen kann.

b Leonie kauft 6 helle Brötchen, 4 Körnerbrötchen und 2 süße Brötchen.

c Nadja kauft 8 helle Brötchen, 3 Körnerbrötchen und 4 süße Brötchen.

d Konstantin kauft 12 helle, 8 süße und 10 Körnerbrötchen.

47 Setze die angegebenen Zahlen für die Variable ein und berechne den Termwert.

a $2x + 4 \cdot (7 − x)$ $x = 5$

b $a + 2,5a − (7,8 − a)$ $a = 3$

c $(y + 3) \cdot 4 − 2y$ $y = 3,2$

d $(3b − 4) − (10 + 2b)$ $b = −3$

e $\frac{1}{2}z + 4 \cdot \left(z + \frac{5}{8}\right)$ $z = −\frac{1}{4}$

Vertiefe dein Wissen!

Terme

48 Auf Märkten wird die Masse von Obst und Gemüse auch heute noch oft mit einer Balkenwaage bestimmt. Der Marktfrau Agatha stehen dafür Gewichte mit einer Masse von 10 g, 20 g und 100 g zur Verfügung. Stelle zunächst einen allgemeinen Term zur Berechnung des Gesamtgewichts auf und verwende ihn zur Lösung der Aufgaben.

a  b

49 Berechne die Termwerte, indem du nacheinander die Zahlen 1, 3 und 5 für die Variablen einsetzt.

a g − g   b f + f

c 3f + f   d 4 · g + 6 + 2 · g

Was fällt dir auf? Kannst du die Terme verändern, ohne dass sich der Termwert ändert?

50 Eine Murmelbahn kann aus unterschiedlich langen „Schienen" a, b und c aufgebaut werden.

a Stelle den Term für die Länge einer fertigen Murmelbahn auf, die aus 8 Schienen a, 6 Schienen b und 3 Schienen c besteht.

b Berechne mithilfe des Terms die Bahnlänge, wenn Schiene a 12 cm lang, Schiene b 15 cm lang und Schiene c 18 cm lang ist.

c Marvin hat folgenden Term für seine Murmelbahn notiert: 3a + 2b + 2a + 3c + 2b + c
Berechne die Länge der Bahn von Marvin.

d Stelle einen eigenen Term zu einer Bahn mit der Länge von 72 cm auf.

51 Betrachte die Tabelle von Termwerten. Welcher Term passt zu dieser Tabelle?

x	0	1	2	3
	2	5	8	11

Vertiefe dein Wissen!

Terme

3 Terme vereinfachen

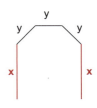

Der Term für die nebenstehende Figur kann einerseits als $2x + 3y$ geschrieben werden, andererseits auch als $x + y + y + y + x$. Terme können also **zusammengefasst** und dadurch vereinfacht werden.

> **WISSEN**
> - Vielfache der **gleichen Variablen** und alle Zahlen ohne Variable können **addiert** bzw. **subtrahiert** werden.
> - Alle **Variablen** und Zahlen können **multipliziert** bzw. **dividiert** werden.
> - Beachte, dass auch beim Rechnen mit Termen die **Rechenregeln** gelten.

BEISPIEL

a Fasse zusammen: $x + x + x$

Lösung:
$x + x + x = 1x + 1x + 1x$ $\qquad x = 1 \cdot x$
$\qquad\quad\;\; = 3x$ $\qquad$ Man hat 3-mal ein x, insgesamt also 3x.

b Vereinfache den folgenden Term: $3x + 8y + 8 - x + 9 - 5y + 6x$

Lösung:
$3x + 8y + 8 - x + 9 - 5y + 6x =$
$3x - x + 6x + 8y - 5y + 8 + 9 =$
$8x + 3y + 17$

Ordne den Term zunächst. Ache dabei auf die **Rechenzeichen**.
Addiere bzw. subtrahiere dann die Faktoren vor **gleichen** Variablen und **fasse** den Term auf diese Weise **zusammen**.

c Schreibe kürzer: $2z \cdot 3y$

Lösung:
$2z \cdot 3y = 2 \cdot z \cdot 3 \cdot y$
$\qquad\quad\; = 2 \cdot 3 \cdot y \cdot z$
$\qquad\quad\; = 6yz$

Du kannst die Faktoren vor den Variablen **multiplizieren**.

52 Fasse die Terme zusammen.

a $a + a + a + a$ $\qquad\qquad$ b $3x + 8x - 6x$

c $2y - y + y - y$ $\qquad\qquad$ d $z + 3z + 2z$

Vertiefe dein Wissen!

Terme

53 Stelle zu den Figuren eine Formel zur Umfangsberechnung auf. Fasse die Terme so weit wie möglich zusammen.

a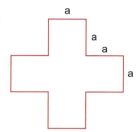
b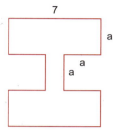
c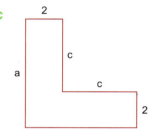
*d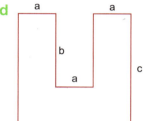

54 Zeichne zu den folgenden Termen selbst geeignete Figuren.

a $6a + 2b$
b $7a + b$

55 Fasse die Terme zusammen.

a $2b - 4 + 3b + 6$
b $0{,}5z + 3{,}8 - 2{,}6 + 6{,}8z$
c $3{,}2 - 5{,}3a - 0{,}8 + 9{,}4a$
d $\frac{2}{5} + \frac{1}{3}z - \frac{1}{5} + \frac{5}{6}z$

56 Erfinde 3 unterschiedliche Terme, die sich zu $3x + 4$ zusammenfassen lassen.

57 Ordne die Terme zunächst und fasse dann zusammen.

a $3a + 8b - 2a + 15b$
b $6a + 18 - 4a - 9$
c $2x + 3y + 19 - 8 - 2x - 2y$
d $26 - 18 + 13a + 17z - 5a + 22z - 5$
e $2{,}4x + 3 - 0{,}8x + 2{,}4y - 1{,}8 + 0{,}3y$
f $\frac{2}{3} + \frac{4}{5}x + \frac{1}{3} + \frac{3}{7}y - \frac{2}{5}x + \frac{1}{7}y$
g $0{,}5 + 0{,}25x + 2{,}5y + \frac{1}{4}x - \frac{1}{4}$
h $2{,}5a + 0{,}4b + 0{,}75c + \frac{3}{2}a - \frac{1}{5}b + 1\frac{1}{2}c$

TIPP *Wandle Brüche in Dezimalzahlen um.*

Vertiefe dein Wissen!

Terme

58 Vereinfache die folgenden Terme.

TIPP
Achte auf die Vorzeichen.

a 3 · 5x
b 4a · 3
c 6x · 2z
d −6x · 5
e −8x · (−3y)
f −18x : (−6)

59 Fasse die Terme zusammen. Achte dabei auf die Punkt-vor-Strich-Regel.

a 2 · 3x + x
b 4y : 2 − y
c 12a − 3 · 4a
d −2x · (−2) + 8 · 3x

60 Berechne die fehlenden Werte.

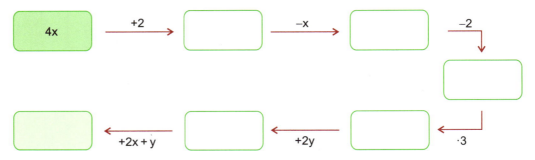

Kommen in einem Term **Klammern** vor, musst du folgende Regeln beachten:

WISSEN

- Steht ein **+** vor der Klammer, kannst du die Klammer einfach **weglassen**.
  a **+** (b + c) = a + b + c   a **+** (b − c) = a + b − c
- Steht ein **−** vor der Klammer, so **drehen sich** beim Auflösen **alle Vorzeichen** in der Klammer **um**.
  a **−** (b − c) = a − b **+** c   a **−** (−b + c) = a **+** b **−** c

BEISPIEL

Vereinfache den Term 4 − (2x − 8) + (4 + 4x).

Lösung:
4 − (2x − 8) + (4 + 4x) =
    4 − 2x **+** 8 + 4 + 4x =
    4 + 8 + 4 + 4x − 2x = 16 + 2x

Achte beim Auflösen der Klammern auf die **Rechenzeichen**.

Vertiefe dein Wissen!

Terme

61 Löse die Klammern auf und fasse zusammen.

a $15 + (3z - 3)$

b $7{,}5 - (2{,}2 + 3b)$

c $3a + (-4 - 2a)$

d $8x - (2 - 3x)$

e $(3{,}3 + 2a) + (0{,}2a - 4)$

f $(12b + 4c) - (-5b - c)$

WISSEN

- Steht ein · vor oder hinter der Klammer, musst du jeden Wert in der Klammer **mit dem Faktor multiplizieren** (Distributivgesetz).

  $a \cdot (b + c) = a \cdot b + a \cdot c$ $(a - b) \cdot c = a \cdot c - b \cdot c$

- Werden **zwei Klammern** multipliziert, musst du jedes Glied der **ersten Klammer** mit jedem Glied der **zweiten Klammer** multiplizieren.

  $(a + b) \cdot (c + d) = a \cdot c + a \cdot d + b \cdot c + b \cdot d$

BEISPIEL

a Vereinfache den Term $3 \cdot (2x - 4)$.

Lösung:
$3 \cdot (2x - 4) = 3 \cdot 2x - 3 \cdot 4$
$\qquad\qquad\quad = 6x - 12$

Multipliziere die Klammer **aus**.

b Bestimme den gemeinsamen Faktor und schreibe als Term mit Klammer: $9a + 12b - 15$

Lösung:
$9a + 12b - 15$
$= 3 \cdot 3a + 3 \cdot 4b - 3 \cdot 5$
$= 3 \cdot (3a + 4b - 5)$

Der gemeinsame Faktor ist **3**, klammere diesen Wert aus.

c Löse die Klammern auf: $(2a + 3) \cdot (4 - 6b)$

Lösung:
$(2a + 3) \cdot (4 - 6b)$
$= 2a \cdot 4 - 2a \cdot 6b + 3 \cdot 4 - 3 \cdot 6b$
$= 8a - 12ab + 12 - 18b$

Multipliziere jedes Glied aus der ersten Klammer mit jedem Glied aus der zweiten Klammer. Achte auf die **Vorzeichen**.

Vertiefe dein Wissen!

Terme

62 Multipliziere die Klammern aus.

a $4 \cdot (3x + 6)$ b $0{,}5 \cdot (4a - 10)$

c $(8y - 9) \cdot 5$ d $(7a - 2b) \cdot 3{,}5$

e $4 \cdot (1{,}5y + 2{,}5z - 5)$ f $(3a - 10b + 0{,}5) \cdot 0{,}5$

63 Je 2 Terme sind gleich. Verbinde richtig.

$-3(2x + 6y)$ $(2x - 6y) \cdot 3$ $-6(-x - 3y)$

$-2(-3x + 9y)$ $-2x \cdot 3 + 2 \cdot (-9y)$ $(3x + 9y) \cdot 2$

64 Ergänze die Lücken so, dass die Rechnungen stimmen.

a $-2{,}5 \cdot (\boxed{} - \boxed{}) = -15a + 20$

b $\boxed{} \cdot (-3y + 4z) = -3{,}6y + 4{,}8z$

c $\left(\dfrac{1}{4}x - \boxed{}\right) \cdot \boxed{} = -\dfrac{3}{4}x + 6y$

d $\left(\boxed{} + \boxed{}\right) \cdot \left(\dfrac{1}{2}a + \dfrac{1}{3}b\right) = a + \dfrac{2}{3}b + 1{,}5az + bz$

65 Klammere den gemeinsamen Faktor aus.

a $10x + 20y$ b $18x - 24y + 30$

c $36y + 90z - 18$ d $15a - 35ab + 20a$

66 Multipliziere die Klammern aus.

a $(3a + 6) \cdot (5b + 9)$ b $(8x - 5) \cdot (2y + 8)$

c $(4a - 2) \cdot (2 - 4b)$ d $(1{,}5 - x) \cdot (9 - 3y)$

Vertiefe dein Wissen!

Terme

Vermischte Aufgaben

67 Bei einem Zirkusfest kann man an der Kasse Wertmarken kaufen. Es gibt Wertmarken zu 0,50 €, 1 € und 2 €.

a Stelle einen Term auf, mit dem man berechnen kann, wie viel Geld in Wertmarken man insgesamt hat, wenn man von jeder Sorte eine gewisse Anzahl kauft.

b Julian kauft 6 Wertmarken zu 0,50 € und 10 Wertmarken zu 1 €. Berechne sein gesamtes „Guthaben" mithilfe des Terms.

c Evas Mutter schenkt Eva von jeder Preiskategorie 4 Wertmarken. Berechne mithilfe des Terms, wie viel Geld sie zur Verfügung hat.

d Du hast Wertmarken für insgesamt 15 € zur Verfügung. Welche Möglichkeiten der Verteilung gibt es? Finde 3 verschiedene.

e Sportlehrer Schiller kauft für die Schule 5 Jonglierteller, 15 Jonglierkeulen und 4 Diabolos. Berechne mithilfe eines Terms den Gesamtpreis.

68 Fasse die Terme soweit wie möglich zusammen.

a $12x + (3x - 8) + 12 - 5x$ **b** $12{,}4 - (6{,}4 - 8a) + 9{,}3 - 2a$

c $3z - (2z - 5) + 12z + (18 - 6z)$ **d** $3 \cdot (2g - 5) + 6g$

e $2 \cdot (4y + 5) - (7 + 12)$ **f** $(2{,}2a - 6) \cdot 2 - (a - 8{,}4)$

69 Zora hat bei ihren Hausaufgaben Fehler gemacht. Kannst du die Fehler finden und verbessern?

a $-4x \cdot 3y + 12 = 12xy + 12$ **b** $3x + 4y - 12 = 7xy - 12$

c $3x \cdot (-5) + 15x = 30x$ **d** $3{,}8x \cdot 2y - 6 = 7{,}6x - 6$

Vertiefe dein Wissen!

Terme

Test 3

40 Minuten

1 Ergänze die Additionsmauern. Die Werte zweier benachbarter Steine werden addiert. Das Ergebnis wird in den Stein darüber geschrieben.

a

b

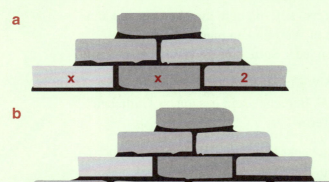

____ von 4,5

2 Berechne die Termwerte für $6x + 4$ und $12x - 3y$ für $x = 4$ und $y = 6$.

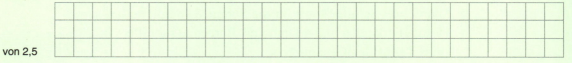

____ von 2,5

3 Ein Kinobesuch kostet für Kinder 6,50 € und für Erwachsene 7,50 €. Was kostet der Besuch für 2 Kinder und 2 Erwachsene? Stelle einen Term auf und berechne.

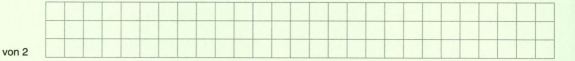

____ von 2

4 Stelle einen Term auf, mit dem man den Umfang der Figur berechnen kann. Vereinfache so weit wie möglich.

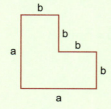

____ von 2

Teste dein Wissen!

Terme

5 Stelle den Rechenausdruck als Term mit einer Variablen dar.

a Multipliziere das 8-Fache einer Zahl mit 9.
_____

b Subtrahiere 18 vom 6-Fachen einer Zahl.
_____

c Bilde den Quotienten aus dem 12-Fachen einer Zahl und 5.
_____

d Bilde die Differenz aus 140 und dem 3-Fachen einer Zahl.
_____

___ von 4

6 Welcher Term gehört zu welcher Vereinfachung? Verbinde richtig.

___ von 2

7 Klammere jeweils den gemeinsamen Faktor aus.

a $12x + 9 =$ _____

b $14x + 21y + 7 =$ _____

c $32x - 16y + 40 =$ _____

___ von 3

| 20 bis 15 | 14,5 bis 10 | 9,5 bis 0 |

So lange habe ich gebraucht: _____

So viele Punkte habe ich erreicht: _____

Teste dein Wissen!

Terme

Test 4 — 40 Minuten

1 Vereinfache die folgenden Terme.

a) $12x + 8 - 5 + 2x =$

b) $9x + 16y - 7x + 8 - x - 5y =$

c) $22x - 5x + 16 + 8y - 11 + 13x =$

___ von 3

2 Nico möchte seinen Geburtstag in einem Indoorspielplatz feiern. Das „Jim und Jimmy" hat das nebenstehende Angebot. Vervollständige die Tabelle.

Jim & Jimmy Angebot

Kinder zahlen 14 €.
Erwachsene zahlen 6 €.

Anzahl der Kinder	Anzahl der Erwachsenen	Term für den Eintrittspreis	Eintrittspreis
6	1		
7	2		
9	3		
x	y		

___ von 5,5

Teste dein Wissen!

Terme

3 Setze für a und b die gegebenen Werte ein und ergänze die Tabelle. Wie muss der fehlende Term in der letzten Spalte lauten?

a	b	3a + 4b + 12	4 · (2a + 3b)	
2	2			0
4	5			2
5	6			2

___ von 4

4 Zeichne jeweils eine passende Figur zu der gegebenen Umfangsformel.

a u = 2a + 2b

b u = 2a + 4b

___ von 4

5 Vereinfache die Terme.

a 3a − (12b − 2a) + 2b · 5 =

b 5x · (4y − 6) + 8x + 3xy =

___ von 3,5

| 20 bis 15 | 14,5 bis 10 | 9,5 bis 0 |

So lange habe ich gebraucht: _____

So viele Punkte habe ich erreicht: _____

Teste dein Wissen!

Gleichungen lösen und aufstellen

Finde für jede Variable eine Zahl, sodass die Gleichungen stimmen.
Für gleiche Variablen musst du auch immer die gleichen Zahlen einsetzen.

a = ☐   b = ☐   c = ☐

Vertiefe dein Wissen!

Gleichungen lösen und aufstellen

1 Einfache Gleichungen lösen

Die abgebildete Waage ist im **Gleichgewicht**, d.h., die linke und die rechte Seite sind gleich schwer.
Wie viele Kugeln müssen sich demnach unter der roten Kiste befinden?

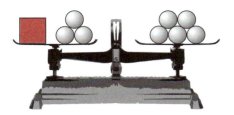

> **WISSEN**
>
> Werden 2 Terme mit einem Gleichheitszeichen verbunden, erhält man eine **Gleichung**.
> Um eine Gleichung zu **lösen**, sucht man für die vorkommende Variable eine Zahl, sodass man links und rechts vom Gleichheitszeichen denselben Wert erhält.

BEISPIEL

a Wie viele Kugeln sind unter der roten Kiste?

Lösung:
Da auf der rechten Seite der Waage 5 Kugeln liegen, müssen auch auf der linken Seite 5 Kugeln liegen, damit die Waage im Gleichgewicht ist.
Unter der Kiste müssen also **2 Kugeln** sein.

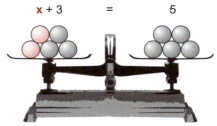

b Löse die Gleichung $x + 4 = 7$.

Lösung:
$x + 4 = 7$
$x = 7 - 4$
$x = 3$

$x \xrightarrow{+4} 7$
$x \xleftarrow{-4} 7$

Hier hilft dir eine **Umkehraufgabe**. Die Umkehrung von „+" ist „–".

c Löse die Gleichung $2x - 5 = 13$ durch Probieren.

Lösung:
$x = 5 \Rightarrow 2 \cdot 5 - 5 = 10 - 5 = 5 \Rightarrow$ zu wenig
$x = 10 \Rightarrow 2 \cdot 10 - 5 = 20 - 5 = 15 \Rightarrow$ zu viel
$x = 9 \Rightarrow 2 \cdot 9 - 5 = 18 - 5 = 13$

Setze für x so lange **verschiedene Werte** in die Gleichung ein, bis rechts und links vom Gleichheitszeichen dasselbe steht.

Vertiefe dein Wissen!

Gleichungen lösen und aufstellen

70 Die Waagen sind im Gleichgewicht. Wie viele Kugeln sind jeweils unter einer Kiste? Schreibe die Aufgaben auch als Gleichung.

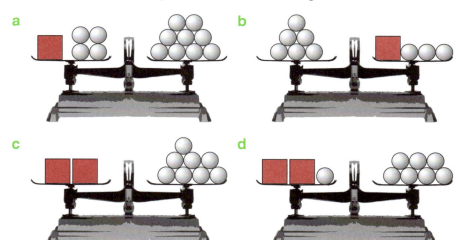

a b c d

71 Bestimme jeweils den Wert der Variablen.

a $x+4=11$ b $x+9{,}2=17{,}4$

c $12+a=15$ d $18=6+z$

e $14=9+x$ f $x-12=7$

g $x-8{,}2=19{,}8$ h $6{,}3=b-8{,}5$

i $2x=14$ j $9c=72$

k $25=5z$ l $x:3=3$

m $x:6=8$ n $12=y:8$

TIPP
Die Umkehrung von „·" ist „:" und umgekehrt.

72 Löse die Gleichungen durch Probieren.

a $2x+4=10$ b $36-5x=21$

c $3x-5=19$ d $x+x+2=12$

*e $x+2=2x-1$ *f $1{,}5x+4=x+5{,}5$

*g $2x+\frac{1}{4}=1{,}25$ *h $0{,}2x+\frac{2}{5}=\frac{2}{5}x-\frac{1}{5}$

Vertiefe dein Wissen!

Gleichungen lösen und aufstellen

73 Stelle einen Term zur Berechnung des Umfangs auf und bestimme die fehlenden Seitenlängen.

a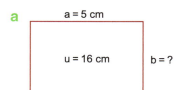
b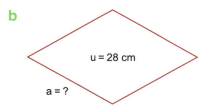

74 Stelle für jedes Zahlenrätsel zunächst eine Gleichung auf. Löse dann die Gleichungen.

TIPP
Setze x für die gesuchte Zahl.

a Addiert man 8 zu einer Zahl, so erhält man 14.

b Die Summe aus einer Zahl und 12 ist 22.

c Subtrahiert man von einer Zahl 5, so erhält man 6.

d Die Differenz aus einer Zahl und 7 ist 9.

e Subtrahiert man eine Zahl von 13, so erhält man 6.

f Multipliziert man eine Zahl mit 6, so erhält man 72.

g Addiert man zum Doppelten einer Zahl 4, so erhält man 20.

h Subtrahiert man vom Doppelten einer Zahl 5, so erhält man 11.

75 Wie viele Mandarinen wiegen so viel wie eine Wassermelone?

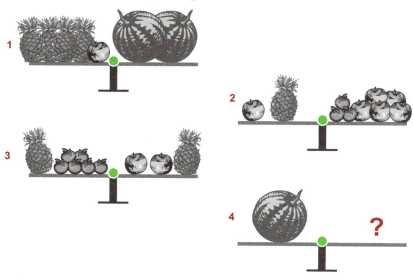

Vertiefe dein Wissen!

Gleichungen lösen und aufstellen

> **WISSEN**
>
> Mache nach dem Lösen einer Gleichung immer eine **Probe**. Setze dazu den berechneten Wert für die Variable in die Ausgangsgleichung ein. Du hast richtig gerechnet, wenn am Ende auf beiden Seiten das **gleiche Ergebnis** steht.

BEISPIEL

a Löse die Gleichung $x - 12 = 3$ und führe eine Probe durch.

Lösung:
$x - 12 = 3$
$x = 3 + 12$
$x = 15$

Die Umkehrung von „−" ist „+".

Probe:
$15 - 12 \stackrel{?}{=} 3$
$3 = 3$

Setze $x = 15$ in die Ausgangsgleichung ein und überprüfe.

b Ist $x = -4$ die Lösung der Gleichung $6x + 15 = 2 + 3x$?

Probe:
$6 \cdot (-4) + 15 \stackrel{?}{=} 2 + 3 \cdot (-4)$
$-24 + 15 \stackrel{?}{=} 2 - 12$
$-9 \neq -10$

Setze $x = -4$ in die Ausgangsgleichung ein und überprüfe, ob auf beiden Seiten der Gleichung dasselbe steht. Achte dabei auf die Vorzeichen.

$x = -4$ ist nicht die Lösung der Gleichung.

76 Verbinde jede Gleichung mit der richtigen Lösung. Wie lautet das Lösungswort?

| $x + 5 = 32$ | $2x - 14 = 28$ | $5 = 4x - 11$ | $45 = 10 + 7x$ |

21 A   4 S   7 I   5 Y   37 L   27 E   14 M

77 Überprüfe durch eine Probe, ob die Lösung richtig ist.   richtig   falsch

a $18a + 12 = -6$ Lösung: $a = -1$ ☐ ☐

b $12y - 17 = 3y + 1$ Lösung: $y = 2$ ☐ ☐

c $-6z + 9 = -3z - 6$ Lösung: $z = 4$ ☐ ☐

d $13x + 6 = -26 - 3x$ Lösung: $x = -2$ ☐ ☐

Vertiefe dein Wissen!

Gleichungen lösen und aufstellen

2 Äquivalenzumformungen

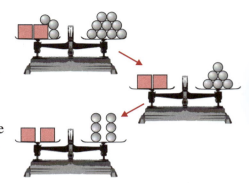

Die abgebildete Waage befindet sich im Gleichgewicht. Nimmt man **auf beiden Seiten** der Waage gleich viele Kugeln weg, bleibt sie auch weiterhin im Gleichgewicht. Man kann auf diese Weise schnell erkennen, wie viele Kugeln unter einer Kiste liegen müssen.

WISSEN

Damit die Variable am Ende der Rechnung alleine auf einer Seite steht, kannst du eine Gleichung verändern, indem du auf **beiden Seiten** des Gleichheitszeichens das Gleiche machst. Du darfst …

- auf beiden Seiten die gleiche Zahl **addieren** bzw. **subtrahieren**.
- auf beiden Seiten mit der gleichen Zahl (≠ 0) **multiplizieren** oder durch die gleiche Zahl (≠ 0) **dividieren**.

BEISPIEL

a Löse die folgenden Gleichungen: $x - 6 = 3$ $-3x = 15$ $\frac{x}{3} = 6$

Lösung:

$x - 6 = 3$ | $+6$

$x - 6 + 6 = 3 + 6$

$x = 9$

Damit x auf der linken Seite alleine steht, musst du **beide Seiten** mit 6 addieren.

$-3x = 15$ | $:(-3)$

$-3x : (-3) = 15 : (-3)$

$x = -5$

Damit x auf der linken Seite alleine steht, musst du **beide Seiten** durch (–3) dividieren. Setze dabei Klammern und achte auf die Vorzeichen.

$\frac{x}{3} = 6$ | $\cdot 3$

$\frac{x}{3} \cdot 3 = 6 \cdot 3$

$x = 18$

Damit x auf der linken Seite alleine steht, musst du **beide Seiten** mit 3 multiplizieren.

Kürze.

b Die oben dargestellte Gleichung lässt sich als $2x + 3 = 9$ schreiben. Löse sie.

Lösung:

$2x + 3 = 9$ | -3

$2x = 6$ | $:2$

$x = 3$

Kehre **zuerst** die **Strichrechnung**, dann die Punktrechnung um.

▸ *Vertiefe dein Wissen!*

Gleichungen lösen und aufstellen

78 Bestimme, wie viele Kugeln jeweils unter einer Kiste liegen. Beschreibe deinen Lösungsweg.

a
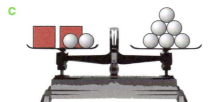

b
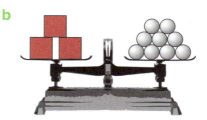

c
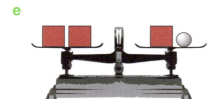

d
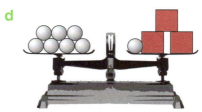

e

f
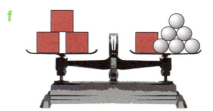

79 Löse die Gleichungen mit Äquivalenzumformungen und mache eine Probe.

a $a + 8 = 15$

b $3x = 27$

c $y - 6{,}2 = 19{,}8$

d $\dfrac{x}{4} = 7$

e $14{,}7 = -7x$

f $2b + 4 = 12$

g $6 + 3c = 30$

h $7z + 12 = 32 + 2z$

*i $\dfrac{2}{5}x - 4 = 2$

*j $16 - \dfrac{1}{4}x = 22 + \dfrac{1}{2}x$

80 Löse mit Äquivalenzumformungen. Mache auch eine Probe.

TIPP
Fasse die Terme zuerst zusammen.

a $4x + 12 - 7 - x = 26$

b $18 - 3x - 16 + 7x = 30$

c $25 = 6x - 5 + 3 - 3x$

d $12 - 8x + 2 = 46$

e $-7x + 4 + 6x - 3 = 3$

f $2 = 18 - 8x - 12 + 7x$

Vertiefe dein Wissen!

Gleichungen lösen und aufstellen

81 Betrachte das Ergebnis und die Äquivalenzumformungen. Wie lautet jeweils die Ausgangsgleichung?

a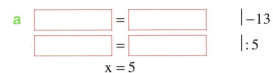
$x = 5$

$\quad\quad | -13$
$\quad\quad | : 5$

b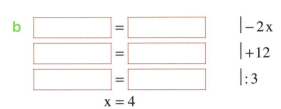
$x = 4$

$\quad\quad | -2x$
$\quad\quad | +12$
$\quad\quad | : 3$

82 Erfinde eine Gleichung, bei der man mindestens 2 Umformungen durchführen muss und die das Ergebnis $x = 3$ hat.

83 Erfinde eine Gleichung, bei der man mindestens 2 Umformungen durchführen muss und die das Ergebnis $x = -3$ hat.

84 Verändere die folgenden Gleichungen so, dass $x = 6$ gilt.

a $3x + 8 = 17$ b $5x - 8 = 7$

c $12 - 3x = 3$ d $0{,}5x - 8 = 4$

85 Stelle für die Figuren jeweils einen Term zur Berechnung des Umfangs auf und bestimme die Länge der Seiten.

a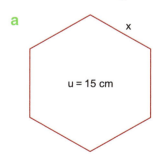

b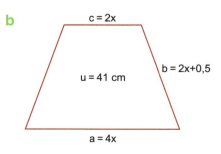

— *Vertiefe dein Wissen!*

Gleichungen lösen und aufstellen

3 Komplexe Gleichungen lösen

Gleichungen können in den unterschiedlichsten Formen auftreten. So können beispielsweise die Variablen auf beiden Seiten des Gleichheitszeichens stehen oder Klammern enthalten sein. Auch wenn diese Gleichungen zu Beginn kompliziert erscheinen, kannst du sie leicht lösen, wenn du **Schritt für Schritt** vorgehst.

WISSEN

Gehe bei der Lösung von komplexen Gleichungen schrittweise vor:

- Löse zunächst eventuell vorhandene **Klammern** auf beiden Seiten der Gleichung auf.
- **Fasse** die Terme links und rechts vom Gleichheitszeichen **zusammen**.
- Bringe durch **Äquivalenzumformungen** alle Ausdrücke mit Variablen auf die eine Seite der Gleichung, alle Zahlen auf die andere.

BEISPIEL

a In jeder Streichholzschachtel sind gleich viele Streichhölzer. Wie viele sind das? Schreibe als Gleichung und löse.

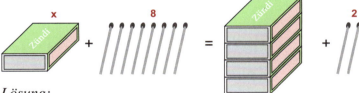

Lösung:

$x + 8 = 4x + 2 \quad | -2$
$x + 6 = 4x \quad | -x$
$6 = 3x \quad | :3$
$2 = x$

Auf **beiden Seiten** kannst du 2 Streichhölzer und eine Streichholzschachtel wegnehmen, ohne dass sich die Gleichung ändert.

Teile die restlichen Streichhölzer gleichmäßig auf die Schachteln auf.

In einer Streichholzschachtel sind 2 Streichhölzer.

b Löse die Gleichung $3x + 12 - 18 + 6x = 34 - 3x + 7x$.

Lösung:

$3x + 12 - 18 + 6x = 34 - 3x + 7x$ Fasse zusammen.
$9x - 6 = 34 + 4x \quad | -4x$ Bringe alle x auf eine Seite.
$5x - 6 = 34 \quad | +6$ Bringe die Zahlen auf die andere Seite.
$5x = 40 \quad | :5$
$x = 8$

Vertiefe dein Wissen!

Gleichungen lösen und aufstellen

c Löse die Gleichung $3(2x-5)+5x=2x-(7+6x)+22$.

Lösung:

$$\begin{aligned}
3(2x-5)+5x &= 2x-(7+6x)+22 &&\text{Löse die Klammern auf.}\\
6x-15+5x &= 2x-7-6x+22 &&\text{Fasse zusammen.}\\
11x-15 &= -4x+15 \quad |+4x &&\text{Bringe alle x auf eine Seite}\\
15x-15 &= 15 \quad |+15 &&\text{und die Zahlen auf die andere.}\\
15x &= 30 \quad |:15\\
x &= 2
\end{aligned}$$

86 In einer Streichholzschachtel ist immer die gleiche Anzahl an Streichhölzern. Wie viele Streichhölzer sind jeweils in einer Schachtel?

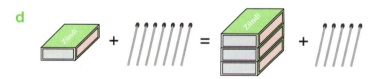

87 Löse die Gleichungen.

a $3x-8=x-4$

b $15x-7=8x+14$

c $22-4x=6x-8$

d $-12x+16=-5x-5$

e $8-3x=6x-1$

f $15x-18=22-5x$

g $3x+4-5x=2x-12$

h $12+3x-4=12x-5x$

i $16x+5-7x=18+9x-7+6x$

j $9x+13-12x+6=22-3x+18+7x$

— Vertiefe dein Wissen!

Gleichungen lösen und aufstellen

88 Stelle eine Gleichung auf, mit der du die Länge von x bestimmen kannst, und löse sie.

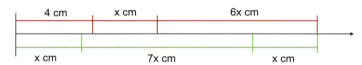

89 Löse die Gleichungen und finde das Lösungswort.

a $8(3x+2)=88$

b $-12+(8x-5)=31$

c $12-(15-2x)=19$

d $-30=-3(4x+8)+9x$

e $4(3x-5)+3x=12x+15-7x+5$

f $-8x+47=18-(3x+6)$

*g $7x-(8x+6)=9x+2(-3x-5)$

*h $13(2x-5)-18=16x-(8x-9)-2$

Buchstaben: B 2, U 7, L 4, I 6, E 5, M 1, S 11, E 3

90 Lisa hat bei der Lösung der Gleichung Fehler gemacht. Kannst du sie finden und verbessern?

$$(12x-5)-(3x+8)=12x-16$$
$$12x-5-3x-8=12x-16 \quad |-12x$$
$$-5-3x-8=-16 \quad |+5$$
$$-3x-3=-11 \quad |+3$$
$$-3x=-8 \quad |:(-3)$$
$$x=\frac{8}{3}$$

91 Löse die Gleichungen.

a $12(4{,}5x-8)=0{,}4(-5x+10)+12$

b $\frac{1}{2}(4x-9)-\frac{3}{4}x=(8+3)\cdot\frac{1}{4}x$

c $15{,}2-8{,}3x\cdot 3=6{,}1-(-5{,}1x+5{,}9)$

Vertiefe dein Wissen!

Gleichungen lösen und aufstellen

4 Gleichungen mit Brüchen

Kommt in einer Gleichung ein Bruch vor, kannst du in der Regel wie gewohnt rechnen. Bei mehreren Brüchen oder wenn ein ganzer Term über dem Bruchstrich steht, hilft dir der **Hauptnenner** weiter.

> **WISSEN**
>
> Kommen in einer Gleichung **mehrere Brüche** vor, multipliziere an passender Stelle mit dem Hauptnenner. Steht ein **Term im Zähler**, denke daran, Klammern zu setzen.

BEISPIEL

a Löse die Gleichung $5 + \frac{x}{3} = 2x + 10$.

Lösung:

$$5 + \frac{x}{3} = 2x + 10 \quad | \cdot 3$$

$$5 \cdot 3 + \frac{x}{3} \cdot 3 = 2x \cdot 3 + 10 \cdot 3$$

$$15 + x = 6x + 30 \quad | - x - 30$$

$$-15 = 5x \quad | : 5$$

$$x = -3$$

Multipliziere mit 3. Achte darauf, dass du **jedes Glied** der beiden Seiten mit 3 multiplizieren musst.

Du könntest die Gleichung auch folgendermaßen schreiben und wie gewohnt rechnen:

$$5 + \frac{1}{3}x = 2x + 10$$

b Bestimme die Lösung der Gleichung $\frac{6x}{5} = \frac{2 + 2x}{2}$.

Lösung:

$$\frac{6x}{5} = \frac{2 + 2x}{2} \quad | \cdot 10$$

$$\frac{6x \cdot \cancel{10}^{2}}{\cancel{5}} = \frac{(2 + 2x) \cdot \cancel{10}^{5}}{\cancel{2}}$$

$$6x \cdot 2 = (2 + 2x) \cdot 5$$

$$12x = 10 + 10x \quad | - 10x$$

$$2x = 10 \quad | : 2$$

$$x = 5$$

Multipliziere beide Seiten mit dem **Hauptnenner 10**.

Denke daran, **Klammern** zu setzen, und **kürze**.

Vertiefe dein Wissen!

Gleichungen lösen und aufstellen

92 Löse die Gleichungen.

a $\dfrac{x}{2} + 8 = -3x + 22$

b $\dfrac{3x}{4} - 9 = 6x + 12$

c $\dfrac{2x}{5} + 2 = 2x - 6$

d $3x - 7 = \dfrac{4x}{3} + 8$

93 Welche Zahl musst du für x einsetzen, damit die Gleichung stimmt?

a $\dfrac{x}{4} + \dfrac{1}{2} = 2{,}5 - \dfrac{3}{4}x$

b $\dfrac{2}{3}(x+5) = \dfrac{1}{3} - \left(3 - \dfrac{1}{3}x\right)$

c $\dfrac{1}{8}(5x - 8) = \dfrac{6x}{4} + 6$

* d $\dfrac{1}{2}\left(\dfrac{5x}{3} - 8\right) = -\dfrac{1}{3}(-3x + 8) - \dfrac{1}{3}$

94 Berechne die Lösungen. Wie lautet das Lösungswort?

a $-\dfrac{2x}{6} = \dfrac{4x - 5}{3}$

b $\dfrac{3x - 6}{4} = \dfrac{1}{2} - \dfrac{2x}{8}$

c $\dfrac{3x + 8}{2} = \dfrac{7x - 8}{3}$

d $\dfrac{2x + 2}{5} = -\dfrac{2x + 2}{6}$

1 H	3 N
−2 R	
−1 D	−8 G	8 L
−3 A		
−4 M	2 E	4 U

Vertiefe dein Wissen!

Gleichungen lösen und aufstellen

5 Gleichungen aufstellen

Mika fährt von zu Hause mit dem Taxi zum Bahnhof. Er zahlt für die Fahrt von 24 km 39 €. Die Anfahrtsgebühr beträgt 3 €.

WISSEN

Möchtest du eine **Sachaufgabe** mit einer Gleichung lösen, gehe folgendermaßen vor:

1. **Lies** die Aufgabe **genau.** Überlege, **für welche Größe die Variable** stehen soll, und bezeichne diese mit **x**.
2. **Drücke** die fehlenden Größen mithilfe von x aus.
3. Stelle eine **Gleichung** auf.
4. **Löse** die Gleichung.
5. **Überprüfe** deine Lösung und schreibe einen **Antwortsatz**.

BEISPIEL

a Wie hoch ist bei der Taxifahrt der Preis pro Kilometer?

Lösung:

Schritt 1: Kosten für einen Kilometer: x €   — Lege die **Variable** fest.

Schritt 2:
Kosten für 24 km: 24x €   — Bestimme die **fehlenden Größen**.

Schritt 3:
Kosten für 24 km + 3 € Grundgebühr = 39 €   — Stelle die **Gleichung** auf.
$\Rightarrow\ 24x + 3 = 39$ — Rechne **ohne** Einheiten.

Schritt 4:
$24x + 3 = 39 \quad | -3$ — **Löse** die Gleichung wie gewohnt.
$24x = 36 \quad | :24$
$x = 1{,}5$

Schritt 5:
$24 \cdot \mathbf{1{,}50\ €} + 3\ € \stackrel{?}{=} 39\ €$ — **Überprüfe** die Lösung und schreibe einen **Antwortsatz**.
$36\ € + 3\ € \stackrel{?}{=} 39\ €$
$39\ € = 39\ €$

Der Kilometerpreis beträgt 1,50 €.

Vertiefe dein Wissen!

Gleichungen lösen und aufstellen

b Vater und Sohn sind zusammen 56 Jahre alt. Der Vater ist 3-mal so alt wie der Sohn. Wie alt sind die beiden?

Lösung:

Schritt 1: Alter des Sohnes: x Jahre — Lege die **Variable** fest.

Schritt 2:
Alter des Vaters: 3x Jahre — Bestimme die **fehlenden Größen**.

Schritt 3: — Stelle die **Gleichung** auf.
Alter des Sohnes + Alter des Vaters = 56 Jahre
$\Rightarrow \quad x + 3x = 56$

Schritt 4: — **Löse** die Gleichung.
$x + 3x = 56$
$\quad 4x = 56 \quad |:4$
$\quad\ \ x = 14$

Schritt 5: — **Überprüfe** die Lösung und schreibe einen **Antwortsatz**.
Der Sohn ist 14 Jahre (x), der Vater ist 42 Jahre (3x) alt. Zusammen ergibt dies 56 Jahre.

c Löse das Zahlenrätsel mithilfe einer Gleichung:
Addiere 5 mit dem 3-Fachen einer gesuchten Zahl und du erhältst die Differenz aus dem 5-Fachen der gesuchten Zahl und 9.

Lösung:

Schritt 1: gesuchte Zahl: x — Lege die **Variable** fest.

Schritt 2: — Bestimme die **fehlenden Größen**.
3-Faches der Zahl: 3x; 5-Faches der Zahl: 5x

Schritt 3: — Stelle die **Gleichung** auf. Addiere: „+"   Differenz „−"
$5 + 3x = 5x - 9$

Schritt 4: — **Löse** die Gleichung.
$5 + 3x = 5x - 9 \quad |-3x +9$
$\quad\ \ 14 = 2x \quad\ \ |:2$
$\quad\ \ \ \ 7 = x$

Schritt 5: — **Überprüfe** die Lösung und schreibe einen **Antwortsatz**.
$5 + 3 \cdot 7 \stackrel{?}{=} 5 \cdot 7 - 9$
$\ 5 + 21 \stackrel{?}{=} 35 - 9$
$\quad\ \ 26 = 26$
Die gesuchte Zahl ist 7.

Vertiefe dein Wissen!

Gleichungen lösen und aufstellen

50

95 Verbinde jede Aufgabe mit der dazugehörigen Gleichung.

a Marita und Markus sind zusammen 30 Jahre alt. Markus ist 2 Jahre jünger als Marita.

b Subtrahiert man vom Doppelten einer Zahl 2, so erhält man 30.

c Walter ist doppelt so alt wie Justus. Beide zusammen sind 30 Jahre alt.

d Subtrahiert man von einer gesuchten Zahl 2, so erhält man 30.

$x + 2x = 30$

$x + x - 2 = 30$

$x - 2 = 30$

$2x - 2 = 30$

96 Löse die Sachaufgabe mithilfe einer Gleichung.

TIPP *Überlege dir zunächst eine passende Frage.*

a Lukas kauft ein Gesellschaftsspiel für 32 € und 4 Kartenspiele. Er bezahlt insgesamt 56 €.

b Daniel und Axel haben zusammen 180 Fußballbilder gesammelt. Daniel hat 20 Bilder mehr als Axel.

c Luca hat im Ferienlager 12 € mehr als Lucia ausgegeben. Zusammen haben sie 56 € ausgegeben.

d Maria hat auf ihrem Smartphone doppelt so viele Lieder wie Joana. Zusammen haben sie 240 Lieder.

97 Löse die Altersaufgaben mithilfe einer Gleichung.

a Jonte ist 5 Jahre älter als Keno. Beide zusammen sind 29 Jahre alt.

b Nora ist 7 Jahre jünger als Nico. Beide zusammen sind 23 Jahre alt.

c Vincent ist doppelt so alt wie Felicia. Beide sind zusammen 18 Jahre alt.

d Vater und Sohn sind zusammen 55 Jahre alt. Der Vater ist 4-mal so alt wie sein Sohn.

e Björn, Olli und Frank sind zusammen 88 Jahre alt. Björn ist 4 Jahre jünger als Olli, Frank ist 2 Jahre älter als Olli.

f Heiko ist halb so alt wie Dennis, Mirko ist 5 Jahre älter als Dennis. Alle 3 zusammen sind 30 Jahre alt.

Vertiefe dein Wissen!

Gleichungen lösen und aufstellen

98 Erfinde zu den Gleichungen jeweils eine Sachaufgabe.

    a $3x + x = 44$ **b** $(x + 8) + x = 26$

99 Löse die Zahlenrätsel mithilfe einer Gleichung.

    a Addiere zum 7-Fachen einer Zahl 12 und du erhältst 40.

    b Subtrahierst du das 3-Fache einer Zahl von 20, dann erhältst du das Doppelte der gesuchten Zahl.

    c Die Differenz aus 32 und einer Zahl ist um 18 größer als die Zahl selbst.

    d Das Produkt aus 3 und einer Zahl ist um 16 kleiner als das 5-Fache der Zahl.

TIPP
Denke daran, Klammern zu setzen.

   * **e** Addiert man zum 3-Fachen einer unbekannten Zahl 12 und verdoppelt das Ergebnis, so erhält man 36.

   * **f** Subtrahiert man von 19 das 4-Fache einer unbekannten Zahl, so erhält man das 3-Fache von der Summe aus 13 und dem Doppelten der unbekannten Zahl.

100 Erfinde zu den Gleichungen selbst jeweils ein Zahlenrätsel.

    a $7x + 8 = 22$ **b** $3x - 6 = 5x$

    c $x + 5 = 3x - 5$ **d** $36 - 4x = 8 + 3x$

 * **e** $3(2x - 6) = 18$ * **f** $2(3x + 4) = 16 + 2x$

101 Berechne alle fehlenden Seitenlängen. Erstelle zunächst eine Skizze.

    a Ein gleichseitiges Dreieck hat einen Umfang von 45 cm.

    b Ein gleichschenkliges Dreieck hat einen Umfang von 28 cm. Dabei ist die Grundseite 4 cm länger als ein Schenkel.

    c Ein Rechteck hat einen Umfang von 34 cm. Seite a ist 3 cm länger als Seite b.

 * **d** Ein Dreieck hat einen Umfang von 10 cm. Dabei ist Seite a doppelt so lang wie Seite b und Seite b ist 2 cm kürzer als Seite c.

 * **e** Ein Viereck hat einen Umfang von 20 cm. Seite a ist 3 cm länger als Seite b, Seite b ist 2 cm kürzer als Seite c und Seite c ist doppelt so lang wie Seite d.

Vertiefe dein Wissen!

Gleichungen lösen und aufstellen

52

TIPP: Achte auf die Einheiten.

102 Ein Paket darf maximal 2 kg wiegen. Wie viele Tafeln Schokolade kann man maximal verschicken, wenn eine Tafel 100 g und der Karton, in dem die Tafeln verschickt werden, 150 g wiegt?

103 Stelle eine geeignete Frage, die man mithilfe einer Gleichung beantworten kann. Löse die Aufgabe dann.

a)
- Tom: Ich habe 10 € mehr gespart als Marlene.
- Max: Ich habe 3-mal so viel wie Marlene gespart.
- Marlene: Zusammen haben wir 120 € gespart.

b)
- Marius: Ich bin 3 Jahre älter als Jan.
- Marina: Ich bin 2 Jahre jünger als Jan.
- Patrizia: Ich bin doppelt so alt wie Jan.
- Jan: Zusammen sind wir 56 Jahre alt.

104 Ein Lottogewinn von 210 000 € soll gerecht aufgeteilt werden. Milena hat doppelt so viel wie Marion eingesetzt und Marion hat doppelt so viel wie Mareike eingesetzt. Wie viel Geld bekommt jede von dem Gewinn?

105 Am Ende eines Pokerabends hat Johann 3 € mehr als Lukas verloren. Lukas hat 2 € mehr als Jan verloren und Jan hat 1 € mehr als Kevin verloren. Tom ist der glückliche Sieger und geht mit einem Gewinn von 22 € nach Hause. Wie viel hat jeder der Spieler verloren?

106 Bei der Klassensprecherwahl bekam Timo doppelt so viele Stimmen wie Tanja. Marian, Nadja und Cem bekamen jeweils 3 Stimmen weniger als Tanja. Insgesamt wurden 21 Stimmen abgegeben. Wie viele Stimmen erhielten die Kandidaten?

107 Die Seite a eines allgemeinen Dreiecks ist doppelt so lang wie Seite b und 4 cm länger als Seite c. Der Umfang beträgt 21 cm. Wie lang sind die Seiten?

108 Auf einer Autobahnraststätte zählt Nico an 54 Fahrzeugen 200 Räder. Wie viele Motorräder und wie viele Autos stehen auf dem Parkplatz?

Vertiefe dein Wissen!

Gleichungen lösen und aufstellen

6 Formeln umstellen

Bei der Prozentrechnung gibt es eine Formel, um den Prozentwert zu berechnen, eine für den Grundwert und eine Formel für den Prozentsatz. Da diese 3 Formeln alle **auseinander hervorgehen**, reicht es, wenn du dir eine der Formeln merkst.

> **WISSEN**
>
> Um eine Formel nach einer **gesuchten Größe** aufzulösen, kannst du entweder zuerst die gegebenen Werte einsetzen und die Formel dann umstellen oder du stellst die Formel zuerst nach der gesuchten Größe um. Dabei helfen dir die **Äquivalenzumformungen**.

BEISPIEL

a Berechne den Prozentsatz, wenn der Prozentwert P = 69 € und der Grundwert G = 89 € ist. Löse dazu die Formel $P = \dfrac{G \cdot p}{100}$ nach p auf.

Lösung:

- Umformen:

$$P = \dfrac{G \cdot p}{100} \quad |\cdot 100$$

$$P \cdot 100 = G \cdot p \quad |:G$$

$$\dfrac{P \cdot 100}{G} = p$$

Die gesuchte Größe ist **p**. Forme die Gleichung Schritt für Schritt so um, dass **p alleine** steht. Rechne genauso wie mit „normalen" Zahlen.

- Einsetzen der Werte:

$$p = \dfrac{69 \cdot 100}{89}$$

$$p \approx 77{,}53 \quad \Rightarrow \quad p\,\% \approx 77{,}53\,\%$$

b Stelle die Formel zur Berechnung des Flächeninhalts eines Trapezes so um, dass du die Länge von Seite a berechnen kannst.

Lösung:

$$A = \dfrac{(a+c)}{2} \cdot h \quad |\cdot 2$$

$$2 \cdot A = (a+c) \cdot h \quad |:h$$

$$\dfrac{2 \cdot A}{h} = a + c \quad |-c$$

$$\dfrac{2 \cdot A}{h} - c = a$$

Setze den Term im Zähler in **Klammern**.

Forme die Gleichung so um, dass die Klammer **alleine** steht. Erst dann kannst du sie weglassen.

Vertiefe dein Wissen!

Gleichungen lösen und aufstellen

109 Stelle die Formel zur Berechnung des Prozentwertes $P = \dfrac{G \cdot p}{100}$ so um, dass du den Grundwert G berechnen kannst.

110 Die Formel zur Berechnung von Jahreszinsen lautet: $Z = \dfrac{K \cdot p}{100}$

    a Stelle die Formel so um, dass du den Zinssatz p berechnen kannst.

    b Stelle die Formel so um, dass du das Kapital K berechnen kannst.

111 Stelle die Formel zur Flächenberechnung eines Parallelogramms so um, dass du h berechnen kannst.

112 Von einem Dreieck ist die Länge der Grundseite g (6 cm) und der Flächeninhalt A (24 cm²) gegeben. Berechne die Länge der Höhe h. Stelle dazu zunächst die Formel um.

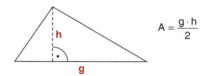

113 Ein Rechteck hat einen Flächeninhalt von 28 cm².

    a Wie lautet die Flächenformel für ein Rechteck?

    b Gib 3 unterschiedliche Möglichkeiten für die Seitenlängen a und b an.

114 Ein Quader hat ein Volumen von 96 cm³.

    a Wie lautet die Volumenformel für einen Quader?

    b Gib 3 unterschiedliche Möglichkeiten für b und c an, wenn a = 4 cm gilt.

115 Berechne die fehlenden Werte des Dreieckprismas. Stelle dazu jeweils die Formel um.

	g	h	h_K	V
a	7 cm	6 cm	3 cm	
b	8 cm	4 cm		96 cm³
c		3 cm	5 cm	60 cm³
d	4 cm		8 cm	64 cm³

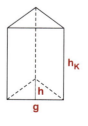

Vertiefe dein Wissen!

Gleichungen lösen und aufstellen

116 Löse eine beliebige Formel aus dem Bereich der Geometrie nach allen Variablen auf.

117 Das Newton'sche Gesetz lautet: **Kraft F = Masse m × Beschleunigung a**
Stelle die Formel so um, dass du die Masse m bzw. die Beschleunigung a berechnen kannst.

118 Das Ohm'sche Gesetz lautet: **U = R · I**
Dabei steht U für die Spannung (Einheit Volt), R für den Widerstand (Einheit Ohm) und I für die Stromstärke (Einheit Ampere).

   a Stelle die Formel so um, dass du den Widerstand berechnen kannst.

   b Wie groß ist der Widerstand, wenn eine Spannung von 50 Volt anliegt und 5 Ampere fließen?

119 Stelle die Formel für die Volumenberechnung einer quadratischen Pyramide so um, dass du h_K berechnen kannst.

$$V_{Pyramide} = \frac{1}{3} \cdot a^2 \cdot h_K$$

120 Die Formel zur Berechnung der Tageszinsen lautet: $Z = \dfrac{K \cdot p}{100} \cdot \dfrac{Tage}{360}$

   a Stelle die Formel so um, dass du das Kapital K berechnen kannst.

   b Theresa hat ihr Geld, dass sie zur Konfirmation geschenkt bekommen hat, für ein halbes Jahr bei der Bank angelegt. Bei einem Zinssatz von 1,2 % bekommt sie am Ende des Anlegezeitraums 3 € Zinsen. Wie viel Geld hat Theresa angelegt?

121 Berechne die fehlenden Werte im Trapez. Stelle dazu jeweils die Formel um.

	a	c	h	A
a	5 cm	7 cm	6 cm	
b	4 cm		7 cm	42 cm²
c		7 cm	5 cm	40 cm²
d	9 cm	5 cm		42 cm²

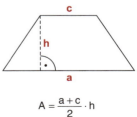

Vertiefe dein Wissen!

Gleichungen lösen und aufstellen

40 Minuten

Test 5

1 Wie viele Kugeln sind in einem Sack? Beschreibe dein Vorgehen.

a
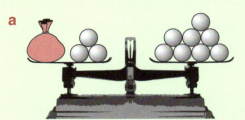

b
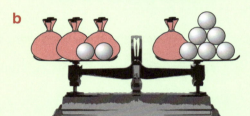

___ von 3

2 Setze für x die gegebenen Werte ein und überprüfe, ob die Gleichung bzw. die Ungleichungen stimmen (**r**) oder nicht (**f**).

x	x + 5 = 9	x − 2 < 2	x + 3 > 6
2	$2 + 5 \stackrel{?}{=} 9$ 7 ≠ 9 **f**	$2 - 2 \stackrel{?}{<} 2$ 0 < 2 **r**	
3			
4			
5			

___ von 5

3 Ergänze die korrekten Rechenvorschriften.

a $3x + 9 = 18$ | 🟩
   $3x = 9$ | 🟩
   $x = 3$

b $-2x - 5 = 7$ | 🟩
   $-2x = 12$ | 🟩
   $x = -6$

___ von 2

— Teste dein Wissen!

Gleichungen lösen und aufstellen

4 Welches Ergebnis passt zu welcher Gleichung? Verbinde.

| 12x − 9 = 19 − 2x | 8x − 19 = 6x − 25 | 12 − 5x = −2x + 3 | 5x + 12 = 8 + 3x |

| x = −3 | x = 3 | x = 2 | x = −2 |

___ von 3

5 Löse die Gleichungen.

a 5(3x − 6) = 45

b 9 + 0,5x + 6 = 5x − 9 − 0,5x

___ von 4

6 Löse das Zahlenrätsel mithilfe einer Gleichung:
Verdoppelt man die Summe aus 12 und einer unbekannten Zahl, so erhält man das Produkt aus 4 und der unbekannten Zahl.

___ von 3

| 20 bis 15 | 14,5 bis 10 | 9,5 bis 0 |

So lange habe ich gebraucht: _____

So viele Punkte habe ich erreicht: _____

Teste dein Wissen!

Gleichungen lösen und aufstellen

Test 6

1 Ist das Ergebnis korrekt? Überprüfe mithilfe einer Probe.

Gleichung	zu überprüfendes Ergebnis	Probe	richtig oder falsch?
$3x + 12 = 6x + 6$	$x = 7$		
$9 - 3x = 5x + 1$	$x = 1$		
$4 + \dfrac{x}{5} = -5 + 2x$	$x = 5$		

___ von 3

2 Löse die Gleichungen.

a $18x + 23 - 12x - 16 = 4x + 28 - 6x - 5$

b $12x - (15 + 3x) = 4(6 - x)$

___ von 5

Teste dein Wissen!

Gleichungen lösen und aufstellen

3 Kennzeichne den Fehler und rechne richtig weiter.

$3x + 8 = -16 - 5x \quad | -5x$
$-2x + 8 = -16 \quad | -8$
$-2x = -24 \quad | :(-2)$
$x = 12$

___ von 3

4 Welche Gleichung gehört zu welcher Aufgabe? Verbinde.

Kalle ist 4 Jahre älter als Moni. Zusammen sind sie 30 Jahre alt.

Die Summe aus dem 4-Fachen einer Zahl und 4 ergibt 30.

4x + x = 30
x + x + 4 = 30
4x · 4 = 30
4x + 4 = 30
x + 4 = 30
4x · x = 30

Walter ist 4-mal so alt wie Michael. Beide zusammen sind 30 Jahre.

Das Produkt aus dem 4-Fachen einer Zahl und 4 ist 30.

___ von 4

5 Herr Maxen kauft 4 neue Winterreifen. Der Rechnungsbetrag von 296 € beinhaltet die Montagekosten von 36 €. Wie teuer war ein Reifen?

___ von 3

6 Stelle die Formel zur Berechnung des Prozentwerts $P = \dfrac{G \cdot p}{100}$ so um, dass du den Prozentsatz p berechnen kannst.

___ von 2

| 20 bis 15 | 14,5 bis 10 | 9,5 bis 0 |

So lange habe ich gebraucht: _____

So viele Punkte habe ich erreicht: _____

Teste dein Wissen!

Gleichungen lösen und aufstellen

Test 7

40 Minuten

1 Kennzeichne die Fehler und rechne richtig weiter.

$12 - (3x + 6) = 3(2x + 8)$
$12 - 3x + 6 = 6x + 8$
$18 - 3x = 6x + 8 \quad | +3x - 8$
$10 = 9x \quad |:9$
$x \approx 1{,}1$

___ von 3

2 Löse die Gleichungen.

a $5(3x - 6) + 15 = -3(8 - 3x) + 3$

b $\dfrac{5x - 2}{4} = \dfrac{8 - x}{3}$

___ von 5,5

3 Erfinde selbst eine Gleichung, für die mindestens 2 Umformungen nötig sind, und für die $x = 5$ gilt.

___ von 2

Teste dein Wissen!

Gleichungen lösen und aufstellen

4 Löse das Zahlenrätsel mithilfe einer Gleichung: Multipliziert man eine unbekannte Zahl mit (−3), so erhält man die Differenz aus dem 4-Fachen der Zahl und 21.

___ von 3

5 Finja hat in den Sommerferien in einer Gärtnerei gearbeitet. Im August hat sie 160 € mehr als im Juli verdient. Insgesamt hat sie 720 € verdient. Wie viel hat sie im Juli bzw. im August verdient? Löse mithilfe einer Gleichung.

___ von 3,5

6 Gegeben ist die Formel für den Flächeninhalt eines Trapezes: $A = \frac{a+c}{2} \cdot h$
Stelle die Formel so um, dass du h berechnen kannst.

___ von 3

So lange habe ich gebraucht: _____

So viele Punkte habe ich erreicht: _____

Teste dein Wissen!

Lösungen

Rechenregeln und Rechengesetze

1
a $18 + 22 = 40$ Summe „+"

b $56 - 23 = 33$ Subtrahiere „–"

c $56 : 7 = 8$ Quotient „:"

d $8 \cdot 5 - 5 = 40 - 5 = 35$ Multipliziere „·"

e $45 : 15 + 17 = 3 + 17 = 20$ Dividiere „:"   addiere „+"

f $22 - 8 + 12 = 14 + 12 = 26$ Differenz „–"

g $12 \cdot 4 + 72 : 6 = 48 + 12 = 60$ Produkt „·"

Hast du's gewusst?

Lösungen

2
a Berechne die Summe aus 7 und 8.
oder: Addiere 7 mit 8.

b Berechne die Differenz aus 18 und 6.
oder: Subtrahiere 6 von 18.

c Berechne den Quotienten aus 49 und 7.
oder: Dividiere 49 durch 7.

d Bestimme das Produkt aus 22 und 4.
oder: Multipliziere 22 mit 4.

e Multipliziere 11 mit 6 und subtrahiere anschließend 5.
oder: Bilde das Produkt aus 11 und 6 und subtrahiere davon 5.

f Addiere 16 zum Quotienten aus 44 und 11.
oder: Dividiere 44 durch 11 und addiere zum Ergebnis 16.

3
a $12 + \mathbf{16} = 28$ $\qquad\qquad 28 - 12 = 16$
b $\mathbf{24} + 54 = 78$ $\qquad\qquad 78 - 54 = 24$
c $32 + \mathbf{24} + 18 = 74$ $\qquad 32 + 18 = 50;\ 74 - 50 = 24$
d $\mathbf{12} + 26 - 18 = 20$ $\qquad 26 - 18 = 8;\ 20 - 8 = 12$

4
a z. B.: $44+44=88$; $80+8=88$; $76+12=88$; $34+54=88$; $29+59=88$ — Summe „+"
b z. B.: $36:6=6$; $42:7=6$; $48:8=6$; $54:9=6$; $96:16=6$ — Quotient „:"

5
a $9 \cdot 8 = 72$
b $20 - 8 = 12$
c $20 : 10 = 2$ oder $10 : 5 = 2$
d $9 + 6 = 15$ oder $10 + 5 = 15$
e $10 \cdot 20 = 200$ $\qquad$ Wähle die 2 größten Zahlen aus.
f $5 + 6 = 11$ $\qquad$ Wähle die 2 kleinsten Zahlen aus.
g $8 - 5 = 3$ oder $20 - 9 = 11$ oder $9 - 6 = 3$ oder $9 - 8 = 1$ …

6
$4 \cdot 4 = 16$
Verdopplung der Faktoren: $8 \cdot 8 = 64$
Vergleich der Ergebnisse: $16 \xrightarrow{\cdot 4} 64$
Das Produkt vervierfacht sich, wenn man die Faktoren verdoppelt.

Hast du's gewusst?

Lösungen

7 waagerecht
a $24-(12+8)=24-20=4$
b $32+4\cdot 8=32+32=64$
c $90\cdot 10-5\cdot 6=900-30=870$
d $22-3\cdot 6+15=22-18+15=4+15=19$

senkrecht
a $(18-6)\cdot 4=12\cdot 4=48$
b $4\cdot(98+23)+118=4\cdot 121+118=484+118=602$
e $419+2\,100:7=419+300=719$
f $(36-29)\cdot(42-35)=7\cdot 7=49$

	a		b	
	4		6	4
c	8	e 7	0	
		1	2	f 4
d 1	9			9

8
a $54{,}2-(56{,}9-16{,}1)=54{,}2-40{,}8=13{,}4$
b $34{,}2-(27{,}5+3)+18{,}8=34{,}2-30{,}5+18{,}8=3{,}7+18{,}8=22{,}5$
c $(4{,}5+5{,}5)\cdot(8{,}1-3{,}2)=10\cdot 4{,}9=49$
d $\frac{1}{2}+12\cdot 9-\frac{3}{4}=\frac{1}{2}+108-\frac{3}{4}=108{,}5-0{,}75=107{,}75$ $\frac{1}{2}=0{,}5;\ \frac{3}{4}=0{,}75$

9
a $(18-12)\cdot(8-2)=36$ $6\cdot 6=36$
b $5+9\cdot 2-8=15$ Punkt- vor Strichrechnung: $5+18-8=15$
c $56-8-6+3=45$
d $80-9-(5+6)=60$ $80-9-11=60$
e $80:(8-4)=20$ $80:4=20$
f $150:25+8\cdot 5=46$ Punkt- vor Strichrechnung: $6+40=46$

10 a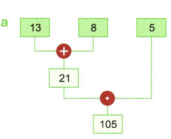

$(13+8)\cdot 5=21\cdot 5=105$

b

$(12{,}2-5)\cdot(18{,}4+1{,}6)=7{,}2\cdot 20=144$

c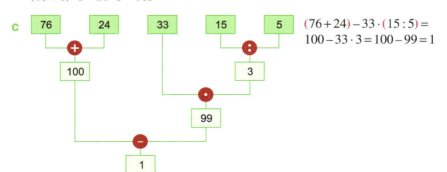

$(76+24)-33\cdot(15:5)=100-33\cdot 3=100-99=1$

Hast du's gewusst?

Lösungen

11 a z. B.: Multipliziere die Summe aus 12 und 5 mit der Differenz aus 18 und 5.

  b z. B.: Subtrahiere von der Summe aus 12 und 6 die Differenz aus 15 und 8.

12 a $(5 \cdot 6 - 3) + [56 - (2 + 39)] = (30 - 3) + [56 - 41] = 27 + 15 = 42$

  b $18 \cdot 5 - [5 \cdot 6 - (12 - 8)] = 90 - [30 - 4] = 90 - 26 = 64$

  c $[125 : (20 + 5)] \cdot 4 = [125 : 25] \cdot 4 = 5 \cdot 4 = 20$

  d $[88 : (11 - 3) + 4] \cdot 5 = [88 : 8 + 4] \cdot 5 = [11 + 4] \cdot 5 = 15 \cdot 5 = 75$

13 a $38 + 29 + 31 = 38 + 60 = 98$

  b $18 + 34 + 22 = 18 + 22 + 34 = 40 + 34 = 74$

  c $6{,}3 + 3{,}2 + 1{,}7 = 6{,}3 + 1{,}7 + 3{,}2 = 8 + 3{,}2 = 11{,}2$

  d $14{,}28 + 13 + 37 + 25{,}72 = 14{,}28 + 25{,}72 + 13 + 37 = 40 + 50 = 90$

  e $39 + 27 + 18 + 12 + 23 + 41 = 39 + 41 + 27 + 23 + 18 + 12 = 80 + 50 + 30 = 160$

  f $4 \cdot 9 \cdot 5 = 4 \cdot 5 \cdot 9 = 20 \cdot 9 = 180$

  g $5 \cdot 11 \cdot 4 = 5 \cdot 4 \cdot 11 = 20 \cdot 11 = 220$

  h $\frac{1}{5} + \frac{1}{3} + \frac{2}{5} + \frac{2}{3} = \frac{1}{5} + \frac{2}{5} + \frac{1}{3} + \frac{2}{3} = \frac{3}{5} + \frac{3}{3} = \frac{3}{5} + 1 = 1\frac{3}{5}$

  i $\frac{7}{10} + \frac{1}{4} + \frac{3}{10} + \frac{3}{4} = \frac{7}{10} + \frac{3}{10} + \frac{1}{4} + \frac{3}{4} = \frac{10}{10} + \frac{4}{4} = 1 + 1 = 2$

  j $\frac{5}{6} + \frac{2}{3} + \frac{1}{3} + \frac{1}{6} = \frac{5}{6} + \frac{1}{6} + \frac{2}{3} + \frac{1}{3} = \frac{6}{6} + \frac{3}{3} = 1 + 1 = 2$

14 a $(39 + 28) + 72 = 39 + (28 + 72) = 39 + 100 = 139$

  b $(37 + 39) + 111 + 11 = 37 + (39 + 111) + 11 = 37 + 150 + 11 = 187 + 11 = 198$

  c $29{,}5 + (100{,}5 + 43) + 57 = (29{,}5 + 100{,}5) + (43 + 57) = 130 + 100 = 230$

  d $[(69 + 133) + (67 + 25)] + 175 = 69 + (133 + 67) + (25 + 175) = 69 + 200 + 200 = 469$

  e $(18 \cdot 12) \cdot 5 = 18 \cdot (12 \cdot 5) = 18 \cdot 60 = 1\,080$

  f $(6 \cdot 10) \cdot 2{,}2 = 6 \cdot (10 \cdot 2{,}2) = 6 \cdot 22 = 132$

15 a $24 + (28 + 12) = 24 + 40 = 64$

  b $38 + (85 + 15) = 38 + 100 = 138$

  c $(196{,}2 + 103{,}8) + 33{,}3 = 300 + 33{,}3 = 333{,}3$

  d $39{,}5 + (54 + 6) + 10{,}9 = 39{,}5 + 60 + 10{,}9 = 99{,}5 + 10{,}9 = 110{,}4$

  e $9 \cdot (4 \cdot 5) = 9 \cdot 20 = 180$

  f $(8 \cdot 5) \cdot (5 \cdot 6) = 40 \cdot 30 = 1\,200$

Hast du's gewusst?

Lösungen

16 a $6 \cdot (4+8) = 6 \cdot 4 + 6 \cdot 8 = 24 + 48 = 72$

b $8 \cdot (12-3) = 8 \cdot 12 - 8 \cdot 3 = 96 - 24 = 72$

c $(4+3+7) \cdot 13 = 4 \cdot 13 + 3 \cdot 13 + 7 \cdot 13 = 52 + 39 + 91 = 182$

d $10 \cdot (3,3 + 6 - 2,8 + 8,2) = 10 \cdot 3,3 + 10 \cdot 6 - 10 \cdot 2,8 + 10 \cdot 8,2 = 33 + 60 - 28 + 82 = 147$

17 a $3 \cdot 7 + 3 \cdot 8 = 3 \cdot (7+8) = 3 \cdot 15 = 45$

b $12 \cdot 9,6 - 12 \cdot 6,6 = 12 \cdot (9,6 - 6,6) = 12 \cdot 3 = 36$

c $3 \cdot 6 + 4 \cdot 6 + 9 \cdot 6 = 6 \cdot (3 + 4 + 9) = 6 \cdot 16 = 96$

d $10 \cdot 1,9 + 2,2 \cdot 10 + 3,3 \cdot 10 + 10 \cdot 1,6 = 10 \cdot (1,9 + 2,2 + 3,3 + 1,6) = 10 \cdot 9 = 90$

18 $5 \cdot (6 \text{ km} + 8 \text{ km} + 10 \text{ km}) = 5 \cdot 24 \text{ km} = 120 \text{ km}$
Martin fährt mit seinem Rad 120 km in einer Woche.

19 $12 \cdot (75 \text{ €} + 15 \text{ €}) = 12 \cdot 90 \text{ €} = 1\,080 \text{ €}$ Ein Jahr hat 12 Monate.
Ulf bekommt 1 080 € Taschengeld im Jahr.

20 a z. B.: $33 + 19 + 17 = 33 + 17 + 19 = 50 + 19 = 69$

b z. B.: $(19 \cdot 4) \cdot 25 = 19 \cdot (4 \cdot 25) = 19 \cdot 100 = 1\,900$

c z. B.: $7 \cdot 5 + 7 \cdot 7 + 8 \cdot 7 = 7 \cdot (5 + 7 + 8) = 7 \cdot 20 = 140$

21

Multipliziere die Summe aus 3 und 9 mit 8.	Bilde die Summe aus 8, 3 und 9.	Addiere 9 zum Produkt aus 8 und 3.	Multipliziere 8 mit dem Produkt aus 3 und 9.
$8 \cdot (3 + 9)$	$8 + 3 + 9$	$8 \cdot 3 + 9$	$8 \cdot 3 \cdot 9$

22 a $(5,5 + 6,6) \cdot (17 - 12) = 12,1 \cdot 5 = 60,5$

b $\left(\dfrac{7}{10} - \dfrac{3}{10}\right) \cdot (18 : 3) = \dfrac{4}{10} \cdot 6 = \dfrac{24}{10} = 2\dfrac{4}{10} = 2\dfrac{2}{5}$

c $(63,9 + 28) - (78,2 - 37,4) = 91,9 - 40,8 = 51,1$

Hast du's gewusst?

Lösungen

23
a $\quad 33{,}5+(19{,}1+20{,}9)=33{,}5+40=73{,}5$
b $\quad 156+22+34=(156+34)+22=190+22=212$
c $\quad 166+93{,}7+134=(166+134)+93{,}7=300+93{,}7=393{,}7$
d $\quad 87+28+33+62=(87+33)+(28+62)=120+90=210$

24
a $\quad 3\cdot(12+15)=3\cdot\mathbf{12}+3\cdot\mathbf{15}=36+45=81$
b $\quad (18+7)\cdot 4=18\cdot\mathbf{4}+7\cdot\mathbf{4}=72+28=100$
c $\quad 2\cdot(12-5)=2\cdot\mathbf{12}-5\cdot\mathbf{2}=24-10=14$
d $\quad (14-8)\cdot 5=\mathbf{5}\cdot 14-\mathbf{5}\cdot 8=70-40=30$

25
a Timo hat die Punkt- vor Strichregel nicht beachtet und zuerst $4+3$ gerechnet.
Richtig wäre: $4+3\cdot 5=4+15=19$
b Timo hat korrekt gerechnet: $2\cdot 3{,}3+3{,}3\cdot 2=6{,}6+6{,}6=13{,}2$
c Timo hat $8\cdot 3{,}2+4{,}8$ gerechnet. Er muss aber zuerst die Klammer berechnen.
Richtig wäre: $8\cdot(3{,}2+4{,}8)=8\cdot 8=64$
d Timo hat die 1. Klammer korrekt berechnet. Bei der 2. Klammer hätte er $42:7$ rechnen müssen und nicht $42:6+1$.
Richtig wäre: $0{,}5\cdot 7+42:7=3{,}5+6=9{,}5$

26
a $\quad 11\cdot(6+5)=11\cdot 11=121$
b $\quad$ z. B.: $(6-5):11=\dfrac{1}{11}$
c $\quad 6\cdot(5+11)=6\cdot 16=96$

27
a $\quad 0{,}3+(0{,}8+0{,}7)+1{,}2\cdot 5=0{,}3+0{,}7+0{,}8+6=1+0{,}8+6=7{,}8$

b $\quad \dfrac{1}{3}\cdot 5+6\cdot\dfrac{1}{3}-\dfrac{1}{3}\cdot 4=\dfrac{1}{3}\cdot(5+6-4)=\dfrac{1}{3}\cdot 7=\dfrac{7}{3}=2\dfrac{1}{3}$

c $\quad \left(\dfrac{2}{8}+\dfrac{1}{4}\right)+\dfrac{2}{4}+\left(\dfrac{1}{2}+\dfrac{1}{4}\right)-0{,}25=\dfrac{\cancel{2}^{1}}{\cancel{8}^{4}}+\dfrac{1}{4}+\dfrac{2}{4}+\dfrac{1}{4}+\dfrac{1}{2}-\dfrac{1}{4}=\dfrac{\cancel{1}}{\cancel{4}}+\dfrac{4}{4}+\dfrac{1}{2}-\dfrac{\cancel{1}}{\cancel{4}}=1+\dfrac{1}{2}=1\dfrac{1}{2}$

d $\quad \left(\dfrac{1}{2}+\dfrac{1}{8}\right)+\dfrac{3}{8}\cdot 3+\left(0{,}5-\dfrac{1}{8}\right)=\dfrac{1}{2}+\dfrac{\cancel{1}}{\cancel{8}}+\dfrac{9}{8}+\dfrac{1}{2}-\dfrac{\cancel{1}}{\cancel{8}}=\dfrac{1}{2}+\dfrac{1}{2}+\dfrac{9}{8}=1+\dfrac{9}{8}=1+1\dfrac{1}{8}=2\dfrac{1}{8}$

e $\quad 0{,}7+\dfrac{2}{5}-0{,}4+\dfrac{4}{10}+1{,}2-\dfrac{1}{10}-1{,}5-\dfrac{7}{10}=\dfrac{\cancel{7}}{\cancel{10}}+\dfrac{\cancel{4}}{\cancel{10}}-\dfrac{\cancel{4}}{\cancel{10}}+\dfrac{4}{10}+\dfrac{12}{10}-\dfrac{1}{10}-\dfrac{15}{10}-\dfrac{\cancel{7}}{\cancel{10}}=0$

f $\quad (0{,}4\cdot 0{,}2)\cdot 5+0{,}25\cdot(0{,}3\cdot 4)+0{,}3=0{,}4\cdot 0{,}2\cdot 5+0{,}25\cdot 4\cdot 0{,}3+0{,}3$
$\qquad\qquad =0{,}4\cdot 1+1\cdot 0{,}3+0{,}3=1$

Hast du's gewusst?

Lösungen

28 a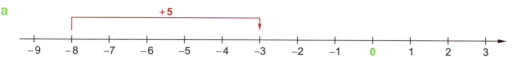

b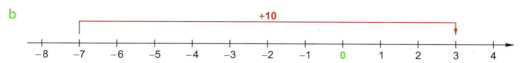

c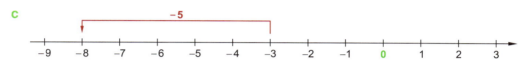

d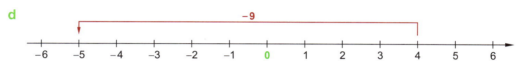

29 a $-8\,°C \xrightarrow{+5\,°C} -3\,°C$ b $-18\,°C \xleftarrow{-5{,}5\,°C} -12{,}5\,°C$

c $-4\,°C \xrightarrow{+12\,°C} 8\,°C$ d $-14{,}5\,°C \xleftarrow{-8\,°C} -6{,}5\,°C$

e $-4\,°C \xrightarrow{+11\,°C} 7\,°C$ f $-2\,°C \xleftarrow{+1\,°C} -3\,°C$

30 a $-5-(-5)=-5+5=0$ b $18+(-6)=18-6=12$

c $-3{,}2-(-6)=-3{,}2+6=2{,}8$ d $3{,}5-(+6)=3{,}5-6=-2{,}5$

e $-\dfrac{3}{8}-\left(-\dfrac{5}{8}\right)=-\dfrac{3}{8}+\dfrac{5}{8}=\dfrac{2}{8}=\dfrac{1}{4}$ f $-\dfrac{3}{7}+\left(-\dfrac{2}{7}\right)=-\dfrac{3}{7}-\dfrac{2}{7}=-\dfrac{5}{7}$

g $-\dfrac{1}{2}-\left(-\dfrac{3}{4}\right)=-\dfrac{1}{2}+\dfrac{3}{4}=\dfrac{1}{4}$ h $-\dfrac{1}{4}-\left(+\dfrac{1}{2}\right)=-\dfrac{1}{4}-\dfrac{1}{2}=-\dfrac{3}{4}$

31 a $8\cdot(-6)=-48$ b $-32:(-8)=+4$

c $-7\cdot 5=-35$ d $-45:(-5)=9$

e $-9\cdot(-3)=27$ f $\dfrac{5}{9}:(-3)=-\dfrac{5}{9\cdot 3}=-\dfrac{5}{27}$

g $\dfrac{3}{4}\cdot(-6)=-\dfrac{18}{4}=-\dfrac{9}{2}=-4\dfrac{1}{2}$ h $-\dfrac{2}{3}\cdot\left(-\dfrac{3}{5}\right)=\dfrac{6}{15}$

32

·	4	−6	8	−5
−5	−20	30	−40	25
6	24	−36	48	−30

Hast du's gewusst?

Lösungen

Test 1

Mögliche halbe bzw. ganze Punkte sind durch halbe (✔︎) bzw. ganze (✓) Häkchen gekennzeichnet.

1 z. B.: 36 − 2 = 34 ✔︎   72 − 38 = 34 ✔︎   100 − 66 = 34 ✔︎

2   a Bilde die Summe aus 3 und 3. ✓
oder: Addiere 3 mit 3.

   b Subtrahiere 6 von 7. ✓
oder: Bilde die Differenz aus 7 und 6.

3   a 42 − (36 − 18) = 24 ✔︎   b 6 · (9 + 5) = 84 ✔︎

4   a 12 + 5 · 4 − 18 = 12 + 20 ✔︎ − 18 = 14 ✔︎
   b 5 · (6 − 4) + 3 · 8 = 5 · 2 ✔︎ + 24 ✔︎ = 10 ✔︎ + 24 = 34 ✔︎
   c (88 − 52) · (56 : 8) · 2 = 36 ✔︎ · 7 ✔︎ · 2 = 504 ✔︎

5   a (33 + 12) − (55 − 33) ✓ = 45 − 22 = 23

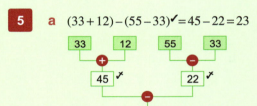

   b (42 − 33) · (17 + 13) ✓ = 9 · 30 = 270

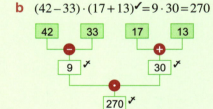

6   a 23 + 28 · 17 ✓ = 23 + 476 ✔︎ = 499 ✔︎   b 25 · (17 − 4) ✓ = 25 · 13 ✔︎ = 325 ✔︎

7   86 + 38 + 114 = 86 + 114 + 38 = 200 + 38 = 238 ✔︎

Beim Addieren ✔︎ und Multiplizieren ✔︎ darf man die Summanden bzw. Faktoren vertauschen, ohne dass sich das Ergebnis ändert. ✔︎
Häufig kann man sich dadurch einen Rechenvorteil verschaffen.

Hast du's gewusst?

Lösungen

Test 2

Mögliche halbe bzw. ganze Punkte sind durch halbe (✗) bzw. ganze (✓) Häkchen gekennzeichnet.

1 z. B.: $8 \cdot 8 = 64$ ✗ $2 \cdot 32 = 64$ ✗ $4 \cdot 16 = 64$ ✗

2 a $27 + \blacksquare = 39$ ✓ $\Rightarrow$ $27 + 12 = 39$ ✓

b $99 : \blacksquare = 33$ ✓ $\Rightarrow$ $99 : 3 = 33$ ✓

3 a Bilde die Summe aus 23 und 32. ✓   oder: Addiere 23 und 32.
$23 + 32 = 55$ ✗

b Addiere 8 zum Produkt von 25 und 4. ✓   oder: Multipliziere 25 mit 4 und addiere 8.
$25 \cdot 4 + 8 = 100$ ✗ $+ 8 = 108$ ✗

4 $(47 + 49) + 51 = 47 + (49 + 51) = 47 + 100 = 147$ ✗
Beim Addieren ✗ und Multiplizieren ✗ dürfen die Summanden bzw. Faktoren durch Klammern beliebig zusammengefasst werden. ✗
Häufig kann man sich dadurch einen Rechenvorteil verschaffen.

5

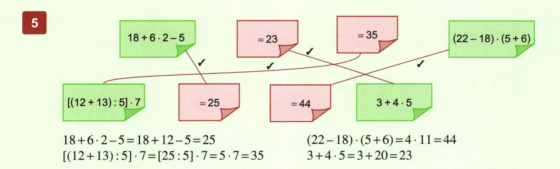

$18 + 6 \cdot 2 - 5 = 18 + 12 - 5 = 25$
$[(12 + 13) : 5] \cdot 7 = [25 : 5] \cdot 7 = 5 \cdot 7 = 35$

$(22 - 18) \cdot (5 + 6) = 4 \cdot 11 = 44$
$3 + 4 \cdot 5 = 3 + 20 = 23$

6 a $6 \cdot 3 + 6 \cdot 4 = 6 \cdot (3 + 4) = 6 \cdot 7 = 42$ ✓
Es wurde falsch ausgeklammert. Der Faktor 6 kommt 2-mal vor und muss deshalb vor der Klammer stehen. ✓

b $4 \cdot 5 + 4 \cdot 6 + 4 \cdot 7 + 3 \cdot 8 = 4 \cdot (5 + 6 + 7) + 3 \cdot 8 = 4 \cdot 18 + 24 = 72 + 24 = 96$ ✓
Vor der 8 steht ein anderer Faktor als 4, dieses Produkt muss also unverändert stehen bleiben. ✓

7 $13 \cdot 16 = (10 + 3) \cdot 16 = 10 \cdot 16 + 3 \cdot 16$ ✗ $= 160 + 48 = 208$ ✗

Hast du's gewusst?

Lösungen

Terme

Brief:
Liebe Klasse!
Wenn ihr dieses Raetsel
loest, bekommt ihr
heute keine Hausaufgaben!
MFG Eure
Geheimschriftexperten

33
- [X] $2 \cdot y - 3 \cdot x$
- [X] $(a + 4 \cdot b) \cdot c$
- [ ] $3 \cdot a) + c \cdot b$
- [ ] $(x + \cdot 9) + 5$
- [X] $7 \cdot x + 3 \cdot z$
- [X] $(x \cdot (-3)) - 7$

34
a **48** ist der Vorgänger von 49.

b Der Nachfolger von 425 ist **426**.

c Weihnachten ist immer am **24.** Dezember.

d Bei einem Fußballspiel stehen **22** Spieler auf dem Platz.

e **3** (**5**; **7**; **9**) ist eine ungerade Zahl zwischen 1 und 10.

f Zwischen 1 und 10 gibt es **4** Primzahlen   Primzahlen: 2, 3, 5, 7

35
a x = 2
    2 1 5
 + 3 1 **2**
    5 **2** 7

b y = 4
    7 1 **4**
 +   **4** 3 4
   1 1 4 8

36
a $a + b + a = 2 \cdot a + b$

b $a + b + a + a + b = 3 \cdot a + 2 \cdot b$

— Hast du's gewusst?

Lösungen

37

a Nico ist 2 Jahre älter als Nora. ⇒ x + 2
x steht für das Alter von Nora, der Term für das Alter von Nico.

b Monika ist 20 Jahre jünger als Marianne. ⇒ x − 20
x steht für das Alter von Marianne, der Term für das Alter von Monika.

c Pascal ist 3-mal so alt wie Max. ⇒ 3 · x
x steht für das Alter von Max, der Term für das Alter von Pascal.

d Clemens hat 4 Fußballsticker mehr als Mario. ⇒ x + 4
x steht für die Anzahl von Marios Stickern, der Term für die Anzahl von Clemens' Stickern.

e Irina hat 3 Armbänder weniger als Franziska. ⇒ x − 3
x steht für die Anzahl von Franziskas Armbändern, der Term für die Anzahl von Irinas Armbändern.

38

a x · 6 + 24

b 50 − x + 15

c (x − 50) · 3

d (x + 25) · 4

e x · 4 : 2

39

a

b

c

d

40

a z. B.:
1. Lösung: x = 4; y = 4
2. Lösung: x = 6; y = 2
3. Lösung: x = 7; y = 1

b Es gibt nur eine Lösung: x = 16   Da in der unteren Reihe immer die gleiche Zahl steht (x), müssen auch nach der Addition in der 2. Reihe dieselben Zahlen stehen (x + x).
32 + 32 = 64
16 + 16 = 32

41

a

1. Schritt	2. Schritt	3. Schritt	4. Schritt	5. Schritt	6. Schritt
3	5	7	9	11	13

b Anzahl der benötigten Streichhölzer im x. Schritt: 2x + 1

Hast du's gewusst?

Lösungen

42
a) $12+6=18$
b) $12+9=21$
c) $12-8=4$
d) $5 \cdot 12=60$
e) $6 \cdot 12+12=72+12=84$
f) $3 \cdot 12-10=36-10=26$

43 mögliche Lösungen:
$8 \cdot x+6 \Rightarrow 8 \cdot 3+6=24+6=30$
$8 \cdot x-2+y \Rightarrow 8 \cdot 3-2+5=24-2+5=27$
$2+x-6 \cdot y \Rightarrow 2+3-6 \cdot 5=5-30=-25$
$6 \cdot x+y-2 \Rightarrow 6 \cdot 3+5-2=18+3=21$
$x \cdot y+8-6 \Rightarrow 3 \cdot 5+8-6=15+2=17$

44

a	a+12	8·a	5·a−18
4	$4+12=16$	$8 \cdot 4=32$	$5 \cdot 4-18=20-18=2$
6	$6+12=18$	$8 \cdot 6=48$	$5 \cdot 6-18=30-18=12$
8,8	$8{,}8+12=20{,}8$	$8 \cdot 8{,}8=70{,}4$	$5 \cdot 8{,}8-18=44-18=26$
−5	$-5+12=7$	$8 \cdot (-5)=-40$	$5 \cdot (-5)-18=-25-18=-43$

45
Z $6+11=17$
P $6+8+11=25$
T $13-6+11=18$
E $5 \cdot 6-2 \cdot 11=30-22=8$
I $18+2 \cdot 6-11=18+12-11=19$
S $6 \cdot 11+8-3 \cdot 6=66+8-18=56$

Lösungswort: **S P I T Z E**

46
a) $x \cdot 0{,}22 \, € + y \cdot 0{,}45 \, € + z \cdot 0{,}65 \, €$
b) $6 \cdot 0{,}22 \, € + 4 \cdot 0{,}45 \, € + 2 \cdot 0{,}65 \, € = 1{,}32 \, € + 1{,}80 \, € + 1{,}30 \, € = 4{,}42 \, €$
c) $8 \cdot 0{,}22 \, € + 3 \cdot 0{,}45 \, € + 4 \cdot 0{,}65 \, € = 1{,}76 \, € + 1{,}35 \, € + 2{,}60 \, € = 5{,}71 \, €$
d) $12 \cdot 0{,}22 \, € + 8 \cdot 0{,}65 \, € + 10 \cdot 0{,}45 \, € = 2{,}64 \, € + 5{,}20 \, € + 4{,}50 \, € = 12{,}34 \, €$

47
a) $2 \cdot 5 + 4 \cdot (7-5) = 10 + 4 \cdot 2 = 10 + 8 = 18$
b) $3 + 2{,}5 \cdot 3 - (7{,}8 - 3) = 3 + 7{,}5 - 4{,}8 = 5{,}7$
c) $(3{,}2 + 3) \cdot 4 - 2 \cdot 3{,}2 = 6{,}2 \cdot 4 - 6{,}4 = 24{,}8 - 6{,}4 = 18{,}4$
d) $(3 \cdot (-3) - 4) - (10 + 2 \cdot (-3)) = (-9 - 4) - (10 - 6) = -13 - 4 = -17$
e) $\frac{1}{2} \cdot \left(-\frac{1}{4}\right) + 4 \cdot \left(\left(-\frac{1}{4}\right) + \frac{5}{8}\right) = -\frac{1}{8} + 4 \cdot \left(-\frac{2}{8} + \frac{5}{8}\right) = -\frac{1}{8} + 4 \cdot \frac{3}{8} = -\frac{1}{8} + \frac{12}{8} = \frac{11}{8} = 1\frac{3}{8}$

48
Anzahl 100-g-Gewichte: x
Anzahl 20-g-Gewichte: y
Anzahl 10-g-Gewichte: z

Hast du's gewusst?

Lösungen

Allgemeiner Term:
x · 100 g + y · 20 g + z · 10 g

a 2 · 100 g + 2 · 20 g = 200 g + 40 g = 240 g

b 1 · 100 g + 2 · 20 g + 1 · 10 g = 150 g

49

		1	3	5
a	g − g	1 − 1 = 0	3 − 3 = 0	5 − 5 = 0
b	f + f	1 + 1 = 2	3 + 3 = 6	5 + 5 = 10
c	3f + f	3 + 1 = 4	9 + 3 = 12	15 + 5 = 20
d	4 · g + 6 + 2 · g	4 + 6 + 2 = 12	12 + 6 + 6 = 24	20 + 6 + 10 = 36

Bei a erhält man immer 0.
Bei b könnte man auch 2 · f rechnen.
Bei c könnte man 3f + f zu 4f zusammenfassen.
Bei d könnte man 4 · g + 6 + 2 · g zu 6g + 6 zusammenfassen.

50 a 8a + 6b + 3c

b 8 · 12 cm + 6 · 15 cm + 3 · 18 cm = 96 cm + 90 cm + 54 cm = 240 cm

c 3 · 12 cm + 2 · 15 cm + 2 · 12 cm + 3 · 18 cm + 2 · 15 cm + 18 cm
= 36 cm + 30 cm + 24 cm + 54 cm + 30 cm + 18 cm = 192 cm

d Mögliche Lösung:
2 · 12 cm + 2 · 15 cm + 1 · 18 cm = 24 cm + 30 cm + 18 cm = 72 cm
⇒ 2a + 2b + c

51

x	0	1	2	3
3x + 2	2	5	8	11

52 a a + a + a + a = 4a   b 3x + 8x − 6x = 5x

c 2y − y + y − y = y   d z + 3z + 2z = 6z

53 a a + a + a + a + a + a + a + a + a + a + a + a = 12a

b 7 + a + a + a + a + a + 7 + a + a + a + a + a = 14 + 10a

c 2 + c + c + 2 + a + a = 4 + 2a + 2c

d a + b + a + b + a + c + 3 · a + c = 6a + 2b + 2c

Hast du's gewusst?

Lösungen

54 a z. B.: b z. B.:

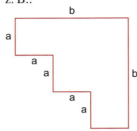 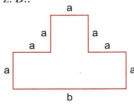

55
a $\quad 2b - 4 + 3b + 6 = 2b + 3b + 6 - 4 = 5b + 2$

b $\quad 0{,}5z + 3{,}8 - 2{,}6 + 6{,}8z = 0{,}5z + 6{,}8z + 3{,}8 - 2{,}6 = 7{,}3z + 1{,}2$

c $\quad 3{,}2 - 5{,}3a - 0{,}8 + 9{,}4a = 3{,}2 - 0{,}8 - 5{,}3a + 9{,}4a = 2{,}4 + 4{,}1a$

d $\quad \frac{2}{5} + \frac{1}{3}z - \frac{1}{5} + \frac{5}{6}z = \frac{2}{5} - \frac{1}{5} + \frac{1}{3}z + \frac{5}{6}z = \frac{1}{5} + \frac{2}{6}z + \frac{5}{6}z = \frac{1}{5} + \frac{7}{6}z = \frac{1}{5} + 1\frac{1}{6}z$

56 Mögliche Lösungen:
$6x + 8 - 3x - 4 = 6x - 3x + 8 - 4 = 3x + 4$
$-5x - 10 + 8x + 14 = -5x + 8x - 10 + 14 = 3x + 4$
$30x - 16 + 20 - 15x - 12x = 30x - 27x - 16 + 20 = 3x + 4$

57
a $\quad 3a + 8b - 2a + 15b = 3a - 2a + 8b + 15b = a + 23b$

b $\quad 6a + 18 - 4a - 9 = 6a - 4a + 18 - 9 = 2a + 9$

c $\quad 2x + 3y + 19 - 8 - 2x - 2y = 2x - 2x + 3y - 2y + 19 - 8 = y + 11$

d $\quad 26 - 18 + 13a + 17z - 5a + 22z - 5 = 26 - 18 - 5 + 13a - 5a + 17z + 22z = 3 + 8a + 39z$

e $\quad 2{,}4x + 3 - 0{,}8x + 2{,}4y - 1{,}8 + 0{,}3y = 2{,}4x - 0{,}8x + 3 - 1{,}8 + 2{,}4y + 0{,}3y = 1{,}6x + 1{,}2 + 2{,}7y$

f $\quad \frac{2}{3} + \frac{4}{5}x + \frac{1}{3} + \frac{3}{7}y - \frac{2}{5}x + \frac{1}{7}y = \frac{2}{3} + \frac{1}{3} + \frac{4}{5}x - \frac{2}{5}x + \frac{3}{7}y + \frac{1}{7}y = 1 + \frac{2}{5}x + \frac{4}{7}y$

g $\quad 0{,}5 + 0{,}25x + 2{,}5y + \frac{1}{4}x - \frac{1}{4} = 0{,}5 - 0{,}25 + 0{,}25x + 0{,}25x + 2{,}5y = 0{,}25 + 0{,}5x + 2{,}5y$

h $\quad 2{,}5a + 0{,}4b + 0{,}75c + \frac{3}{2}a - \frac{1}{5}b + 1\frac{1}{2}c = 2{,}5a + 1{,}5a + 0{,}4b - 0{,}2b + 0{,}75c + 1{,}5c$
$\qquad = 4a + 0{,}2b + 2{,}25c$

58
a $\quad 3 \cdot 5x = 15x$ $\qquad$ b $\quad 4a \cdot 3 = 12a$

c $\quad 6x \cdot 2z = 12xz$ $\qquad$ d $\quad -6x \cdot 5 = -30x$

e $\quad -8x \cdot (-3y) = 24xy$ $\qquad$ f $\quad -18x : (-6) = 3x$

Hast du's gewusst?

Lösungen

59   a $2 \cdot 3x + x = 6x + x = 7x$ b $4y : 2 - y = 2y - y = y$
     c $12a - 3 \cdot 4a = 12a - 12a = 0$ d $-2x \cdot (-2) + 8 \cdot 3x = 4x + 24x = 28x$

60

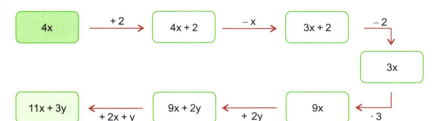

61   a $15 + (3z - 3) = 15 + 3z - 3 = 12 + 3z$
     b $7{,}5 - (2{,}2 + 3b) = 7{,}5 - 2{,}2 - 3b = 5{,}3 - 3b$
     c $3a + (-4 - 2a) = 3a - 4 - 2a = a - 4$
     d $8x - (2 - 3x) = 8x - 2 + 3x = 11x - 2$
     e $(3{,}3 + 2a) + (0{,}2a - 4) = 3{,}3 + 2a + 0{,}2a - 4 = -0{,}7 + 2{,}2a$
     f $(12b + 4c) - (-5b - c) = 12b + 4c + 5b + c = 17b + 5c$

62   a $4 \cdot (3x + 6) = 12x + 24$ b $0{,}5 \cdot (4a - 10) = 2a - 5$
     c $(8y - 9) \cdot 5 = 40y - 45$ d $(7a - 2b) \cdot 3{,}5 = 24{,}5a - 7b$
     e $4 \cdot (1{,}5y + 2{,}5z - 5) = 6y + 10z - 20$ f $(3a - 10b + 0{,}5) \cdot 0{,}5 = 1{,}5a - 5b + 0{,}25$

63

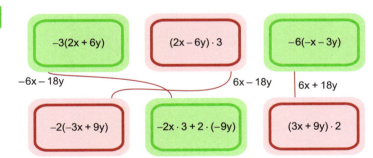

64   a $-2{,}5 \cdot (6a - 8) = -15a + 20$
     b $1{,}2 \cdot (-3y + 4z) = -3{,}6y + 4{,}8z$
     c $\left(\dfrac{1}{4}x - 2y\right) \cdot (-3) = -\dfrac{3}{4}x + 6y$
     d $(2 + 3z) \cdot \left(\dfrac{1}{2}a + \dfrac{1}{3}b\right) = a + \dfrac{2}{3}b + 1{,}5az + bz$

Hast du's gewusst?

Lösungen

65
a $10x + 20y = 10 \cdot (x + 2y)$
b $18x - 24y + 30 = 6 \cdot (3x - 4y + 5)$
c $36y + 90z - 18 = 18 \cdot (2y + 5z - 1)$
d $15a - 35ab + 20a = 5a \cdot (3 - 7b + 4)$

66
a $(3a + 6) \cdot (5b + 9) = 15ab + 27a + 30b + 54$
b $(8x - 5) \cdot (2y + 8) = 16xy + 64x - 10y - 40$
c $(4a - 2) \cdot (2 - 4b) = 8a - 16ab - 4 + 8b$
d $(1{,}5 - x) \cdot (9 - 3y) = 13{,}5 - 4{,}5y - 9x + 3xy$

67
a Anzahl Wertmarken zu 0,50 €: x
   Anzahl Wertmarken zu 1 €: y
   Anzahl Wertmarken zu 2 €: z
   Term: $x \cdot 0{,}50\ € + y \cdot 1\ € + z \cdot 2\ €$

b $6 \cdot 0{,}50\ € + 10 \cdot 1\ € + 0 \cdot 2\ € = 3\ € + 10\ € = 13\ €$
c $4 \cdot 0{,}50\ € + 4 \cdot 1\ € + 4 \cdot 2\ € = 2\ € + 4\ € + 8\ € = 14\ €$
d z. B.:
   $4 \cdot 0{,}50\ € + 7 \cdot 1\ € + 3 \cdot 2\ € = 15\ €$
   $10 \cdot 0{,}50\ € + 2 \cdot 1\ € + 4 \cdot 2\ € = 15\ €$
   $2 \cdot 0{,}50\ € + 2 \cdot 1\ € + 6 \cdot 2\ € = 15\ €$
e $5 \cdot 6\ € + 15 \cdot 4\ € + 4 \cdot 8\ € = 30\ € + 60\ € + 32\ € = 122\ €$

68
a $12x + (3x - 8) + 12 - 5x = 12x + 3x - 8 + 12 - 5x = 12x + 3x - 5x - 8 + 12 = 10x + 4$
b $12{,}4 - (6{,}4 - 8a) + 9{,}3 - 2a = 12{,}4 - 6{,}4 + 8a + 9{,}3 - 2a = 12{,}4 - 6{,}4 + 9{,}3 + 8a - 2a = 15{,}3 + 6a$
c $3z - (2z - 5) + 12z + (18 - 6z) = 3z - 2z + 5 + 12z + 18 - 6z = 3z - 2z + 12z - 6z + 5 + 18 = 7z + 23$
d $3 \cdot (2g - 5) + 6g = 6g - 15 + 6g = 12g - 15$
e $2 \cdot (4y + 5) - (7 + 12) = 8y + 10 - 7 - 12 = 8y - 9$
f $(2{,}2a - 6) \cdot 2 - (a - 8{,}4) = 4{,}4a - 12 - a + 8{,}4 = 4{,}4a - a + 8{,}4 - 12 = 3{,}4a - 3{,}6$

69
a $-4x \cdot 3y + 12 = -12xy + 12$ $- \cdot + = -$
b $3x + 4y - 12 = 3x + 4y - 12$ x und y darf man beim Addieren und Subtrahieren nicht zusammenfassen.
c $3x \cdot (-5) + 15x = -15x + 15x = 0$ $+ \cdot - = -$
d $3{,}8x \cdot 2y - 6 = 7{,}6xy - 6$ $x \cdot y = xy$

— Hast du's gewusst?

Lösungen

Test 3

Mögliche halbe bzw. ganze Punkte sind durch halbe (✗) bzw. ganze (✓) Häkchen gekennzeichnet.

1 a

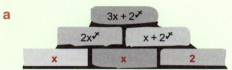

b

(Pyramide: 2x, 3y, 5x, 4y; 2x+3y✗, 3y+5x✗, 5x+4y✗; 7x+6y✗, 10x+7y✗; 17x+13y✗)

2 6x + 4   für x = 4:   6 · **4**✗ + 4 = 24 + 4 = 28✗
    12x − 3y   für x = 4 und y = 6:   12 · **4**✗ − 3 · **6**✗ = 48 − 18 = 30✗

3 2 · 6,50 € + 2 · 7,50 €✓ = 13 € + 15 € = 28 €✓

4 b + b + b + b + a + a✓ = 4b + 2a✓

5 a 8x · 9✓

   b 6x − 18✓

   c 12x : 5✓

   d 140 − 3x✓

6

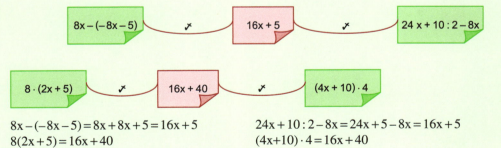

8x − (−8x − 5) = 8x + 8x + 5 = 16x + 5   24x + 10 : 2 − 8x = 24x + 5 − 8x = 16x + 5
8(2x + 5) = 16x + 40   (4x + 10) · 4 = 16x + 40

7 a 12x + 9 = 3(4x + 3)✓

   b 14x + 21y + 7 = 7(2x + 3y + 1)✓

   c 32x − 16y + 40 = 8(4x − 2y + 5)✓

Hast du's gewusst?

Lösungen

Test 4

Mögliche halbe bzw. ganze Punkte sind durch halbe (✓̷) bzw. ganze (✓) Häkchen gekennzeichnet.

1
a $12x + 8 - 5 + 2x = 14x + 3$ ✓

b $9x + 16y - 7x + 8 - x - 5y = 9x - 7x - x + 16y - 5y + 8 = x + 11y + 8$ ✓

c $22x - 5x + 16 + 8y - 11 + 13x = 22x - 5x + 13x + 8y + 16 - 11 = 30x + 8y + 5$ ✓

2

Anzahl der Kinder	Anzahl der Erwachsenen	Term für den Eintrittspreis	Eintrittspreis
6	1	$6 \cdot 14\ € + 6\ € = 84\ € + 6\ €$ ✓	90,00 € ✓̷
7	2	$7 \cdot 14\ € + 2 \cdot 6\ € = 98\ € + 12\ €$ ✓	110,00 € ✓̷
9	3	$9 \cdot 14\ € + 3 \cdot 6\ € = 126\ € + 18\ €$ ✓	144,00 € ✓̷
x	y	$x \cdot 14\ € + y \cdot 6\ €$ ✓	

3

a	b	$3a + 4b + 12$	$4 \cdot (2a + 3b)$	$2b - 2a$ ✓
2	2	$3 \cdot 2 + 4 \cdot 2 + 12 = 6 + 8 + 12 = 26$ ✓̷	$4 \cdot (2 \cdot 2 + 3 \cdot 2) = 4 \cdot (4 + 6) = 4 \cdot 10 = 40$ ✓̷	0
4	5	$3 \cdot 4 + 4 \cdot 5 + 12 = 12 + 20 + 12 = 44$ ✓̷	$4 \cdot (2 \cdot 4 + 3 \cdot 5) = 4 \cdot (8 + 15) = 4 \cdot 23 = 92$ ✓̷	2
5	6	$3 \cdot 5 + 4 \cdot 6 + 12 = 15 + 24 + 12 = 51$ ✓̷	$4 \cdot (2 \cdot 5 + 3 \cdot 6) = 4 \cdot (10 + 18) = 4 \cdot 28 = 112$ ✓̷	2

4 a z. B.: 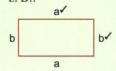   b z. B.: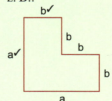

5
a $3a - (12b - 2a) + 2b \cdot 5 = 3a - 12b + 2a$ ✓̷ $+ 10b$ ✓̷ $= 3a + 2a - 12b + 10b = 5a - 2b$ ✓̷

b $5x \cdot (4y - 6) + 8x + 3xy = 20xy$ ✓̷ $- 30x$ ✓̷ $+ 8x + 3xy = 23xy - 22x$ ✓

Hast du's gewusst?

Lösungen

Gleichungen lösen und aufstellen

a = $\boxed{4}$ b = $\boxed{6}$ c = $\boxed{2}$

Versuche, zuerst a und c herauszubekommen. Setze dann a ein, um b zu berechnen.

70   a $x + 4 = 9$
             $x = 5$

Unter der Kiste müssen 5 Kugeln sein.

b $6 = x + 3$
   $x = 3$

Unter der Kiste müssen 3 Kugeln sein.

c $2x = 8$
   $x = 4$

Die Kugeln müssen gleichmäßig auf die Kisten verteilt werden.

Unter jeder Kiste müssen 4 Kugeln sein.

d $2x + 1 = 7$
   $2x = 6$
   $x = 3$

Wenn du auf jeder Seite eine Kugel wegnimmst, müssen 6 Kugeln auf 2 Kisten verteilt werden.

Unter jeder Kiste müssen 3 Kugeln sein.

71 a $\mathbf{7} + 4 = 11$ $\Rightarrow$ $x = 7$ b $\mathbf{8{,}2} + 9{,}2 = 17{,}4$ $\Rightarrow$ $x = 8{,}2$
c $12 + \mathbf{3} = 15$ $\Rightarrow$ $a = 3$ d $18 = 6 + \mathbf{12}$ $\Rightarrow$ $z = 12$
e $14 = 9 + \mathbf{5}$ $\Rightarrow$ $x = 5$ f $\mathbf{19} - 12 = 7$ $\Rightarrow$ $x = 19$
g $\mathbf{28} - 8{,}2 = 19{,}8$ $\Rightarrow$ $x = 28$ h $6{,}3 = \mathbf{14{,}8} - 8{,}5$ $\Rightarrow$ $b = 14{,}8$
i $2 \cdot \mathbf{7} = 14$ $\Rightarrow$ $x = 7$ j $9 \cdot \mathbf{8} = 72$ $\Rightarrow$ $c = 8$
k $25 = 5 \cdot \mathbf{5}$ $\Rightarrow$ $z = 5$ l $\mathbf{9} : 3 = 3$ $\Rightarrow$ $x = 9$
m $\mathbf{48} : 6 = 8$ $\Rightarrow$ $x = 48$ n $12 = \mathbf{96} : 8$ $\Rightarrow$ $y = 96$

72 a $2 \cdot \mathbf{3} + 4 = 10$ $\Rightarrow$ $x = 3$ b $36 - 5 \cdot \mathbf{3} = 21$ $\Rightarrow$ $x = 3$
c $3 \cdot \mathbf{8} - 5 = 19$ $\Rightarrow$ $x = 8$ d $\mathbf{5} + 5 + 2 = 12$ $\Rightarrow$ $x = 5$
e $\mathbf{3} + 2 = 2 \cdot \mathbf{3} - 1$ $\Rightarrow$ $x = 3$ f $1{,}5 \cdot \mathbf{3} + 4 = \mathbf{3} + 5{,}5$ $\Rightarrow$ $x = 3$
    $5 = 6 - 1$ $4{,}5 + 4 = 8{,}5$

g $2 \cdot \mathbf{0{,}5} + \dfrac{1}{4} = 1{,}25$ $\Rightarrow$ $x = 0{,}5$ h $0{,}2 \cdot \mathbf{3} + \dfrac{2}{5} = \dfrac{2}{5} \cdot \mathbf{3} - \dfrac{1}{5}$ $\Rightarrow$ $x = 3$
    $1 + 0{,}25 = 1{,}25$ $0{,}6 + 0{,}4 = 0{,}4 \cdot 3 - 0{,}2$
                                                                       $1{,}0 = 1{,}2 - 0{,}2$

Hast du's gewusst?

Lösungen

73
a   u = 2a + 2b
      16 cm = 2 · 5 cm + 2 · b
      16 cm = 10 cm + 2 · **3 cm**
      ⇒   b = 3 cm

b   u = 4 · a
      28 cm = 4 · a
      28 cm = 4 · **7 cm**
      ⇒   a = 7 cm

74
a   x + 8 = 14
    6 + 8 = 14   ⇒   x = 6

b   x + 12 = 22
    10 + 12 = 22   ⇒   x = 10

c   x − 5 = 6
    11 − 5 = 6   ⇒   x = 11

d   x − 7 = 9
    16 − 7 = 9   ⇒   x = 16

e   13 − x = 6
    13 − **7** = 6   ⇒   x = 7

f   x · 6 = 72
    12 · 6 = 72   ⇒   x = 12

g   2x + 4 = 20
    2 · **8** + 4 = 20   ⇒   x = 8

h   2x − 5 = 11
    2 · **8** − 5 = 11   ⇒   x = 8

75   aus **3**: 1 Apfel = 3 Mandarinen

aus **2**: 1 Ananas = 5 Äpfel = 15 Mandarinen

aus **1**:
2 Wassermelonen = 4 Ananas + 1 Apfel = 4 · 15 Mandarinen + 3 Mandarinen = 63 Mandarinen
⇒   1 Wassermelone = 31,5 Mandarinen

Hast du's gewusst?

Lösungen

76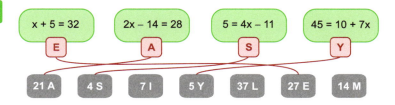

x + 5 = 32 — E
2x − 14 = 28 — A
5 = 4x − 11 — S
45 = 10 + 7x — Y

21 A   4 S   7 I   5 Y   37 L   27 E   14 M

77

			richtig	falsch	
a	$18a + 12 = -6$	Lösung: $a = -1$	✗		$18 \cdot (-1) + 12 \stackrel{?}{=} -6$ $-18 + 12 = -6$
b	$12y - 17 = 3y + 1$	Lösung: $y = 2$	✗		$12 \cdot 2 - 17 \stackrel{?}{=} 3 \cdot 2 + 1$ $24 - 17 \stackrel{?}{=} 6 + 1$ $7 = 7$
c	$-6z + 9 = -3z - 6$	Lösung: $z = 4$		✗	$-6 \cdot 4 + 9 \stackrel{?}{=} -3 \cdot 4 - 6$ $-24 + 9 \stackrel{?}{=} -12 - 6$ $-15 \neq -18$
d	$13x + 6 = -26 - 3x$	Lösung: $x = -2$	✗		$13 \cdot (-2) + 6 \stackrel{?}{=} -26 - 3 \cdot (-2)$ $-26 + 6 = -26 + 6$

78

a Auf beiden Seiten 4 Kugeln wegnehmen, dann bleiben rechts 6 Kugeln übrig.
   ⇒ Unter der Kiste sind 6 Kugeln.

b Die 9 Kugeln gleichmäßig auf 3 Kisten verteilen.
   ⇒ Unter jeder Kiste sind 3 Kugeln.

c Auf beiden Seiten 2 Kugeln wegnehmen, dann bleiben rechts 4 Kugeln übrig; diese 4 Kugeln auf die 2 Kisten verteilen.
   ⇒ Unter jeder Kiste sind 2 Kugeln.

d Auf beiden Seiten eine Kugel wegnehmen, dann bleiben links 6 Kugeln übrig; diese 6 Kugeln auf die 3 Kisten verteilen.
   ⇒ Unter jeder Kiste sind 2 Kugeln.

e Auf jeder Seite eine **Kiste** wegnehmen.
   ⇒ Unter einer Kiste ist eine Kugel.

f Auf jeder Seite eine **Kiste** wegnehmen, es bleiben links 2 Kisten und rechts 6 Kugeln übrig.
   ⇒ Unter jeder Kiste sind 3 Kugeln.

79

a $a + 8 = 15 \quad | -8$
   $a = 7$
   Probe: $\mathbf{7} + 18 = 15$

b $3x = 27 \quad | :3$
   $x = 9$
   Probe: $3 \cdot \mathbf{9} = 27$

c $y - 6{,}2 = 19{,}8 \quad | +6{,}2$
   $y = 26$
   Probe: $\mathbf{26} - 6{,}2 = 19{,}8$

d $\dfrac{x}{4} = 7 \quad | \cdot 4$
   $x = 28$
   Probe: $\dfrac{\mathbf{28}}{4} = 7$

Hast du's gewusst?

Lösungen

e) $14{,}7 = -7x \qquad |:(-7)$
$-2{,}1 = x$

Probe: $14{,}7 \stackrel{?}{=} -7 \cdot (\mathbf{-2{,}1})$
$\qquad\quad 14{,}7 \mathbf{=} 14{,}7$

f) $2b + 4 = 12 \qquad |-4$
$2b = 8 \qquad |:2$
$\,b = 4$

Probe: $2 \cdot \mathbf{4} + 4 \stackrel{?}{=} 12$
$\qquad\quad 8 + 4 \mathbf{=} 12$

g) $6 + 3c = 30 \qquad |-6$
$3c = 24 \qquad |:3$
$c = 8$

Probe: $6 + 3 \cdot \mathbf{8} \stackrel{?}{=} 30$
$\qquad\quad 6 + 24 \mathbf{=} 30$

h) $7z + 12 = 32 + 2z \qquad |-2z$
$5z + 12 = 32 \qquad\quad\;\; |-12$
$\,5z = 20 \qquad\quad\;\; |:5$
$\;\;z = 4$

Probe: $7 \cdot \mathbf{4} + 12 \stackrel{?}{=} 32 + 2 \cdot \mathbf{4}$
$\qquad\quad 28 + 12 \stackrel{?}{=} 32 + 8$
$\qquad\qquad\;\; 40 \mathbf{=} 40$

i) $\dfrac{2}{5}x - 4 = 2 \qquad |+4$
$\dfrac{2}{5}x = 6 \qquad |:\dfrac{2}{5}$
$\,x = 15$

Probe: $\dfrac{2}{5} \cdot \mathbf{15} - 4 \stackrel{?}{=} 2$
$\qquad\quad\; 6 - 4 \mathbf{=} 2$

j) $16 - \dfrac{1}{4}x = 22 + \dfrac{1}{2}x \qquad \left|-\dfrac{1}{2}x = -\dfrac{2}{4}x\right.$
$16 - \dfrac{3}{4}x = 22 \qquad\qquad |-16$
$-\dfrac{3}{4}x = 6 \qquad\qquad\; \left|:\left(-\dfrac{3}{4}\right)\right.$
$x = -8$

Probe: $16 - \dfrac{1}{4} \cdot (\mathbf{-8}) \stackrel{?}{=} 22 + \dfrac{1}{2} \cdot (\mathbf{-8})$
$\qquad\quad\; 16 + 2 \stackrel{?}{=} 22 - 4$
$\qquad\qquad\;\; 18 \mathbf{=} 18$

80

a) $4x + 12 - 7 - x = 26 \qquad |\text{zusammenfassen}$
$3x + 5 = 26 \qquad\quad\;\; |-5$
$3x = 21 \qquad\quad\;\; |:3$
$\,x = 7$

Probe: $4 \cdot \mathbf{7} + 12 - 7 - \mathbf{7} \stackrel{?}{=} 26$
$\qquad\quad 28 + 12 - 7 - 7 \stackrel{?}{=} 26$
$\qquad\qquad\qquad\qquad 26 \mathbf{=} 26$

b) $18 - 3x - 16 + 7x = 30 \qquad |\text{zusammenfassen}$
$2 + 4x = 30 \qquad\quad\;\; |-2$
$4x = 28 \qquad\quad\;\; |:4$
$x = 7$

Probe: $18 - 3 \cdot \mathbf{7} - 16 + 7 \cdot \mathbf{7} \stackrel{?}{=} 30$
$\qquad\quad 18 - 21 - 16 + 49 \stackrel{?}{=} 30$
$\qquad\qquad\qquad\qquad\;\; 30 \mathbf{=} 30$

c) $25 = 6x - 5 + 3 - 3x \qquad |\text{zusammenfassen}$
$25 = 3x - 2 \qquad\qquad\quad |+2$
$27 = 3x \qquad\qquad\qquad\;\; |:3$
$9 = x$

d) $12 - 8x + 2 = 46 \qquad |\text{zusammenfassen}$
$14 - 8x = 46 \qquad\quad |-14$
$-8x = 32 \qquad\quad |:(-8)$
$x = -4$

— Hast du's gewusst?

Lösungen

Probe: $25 \stackrel{?}{=} 6 \cdot 9 - 5 + 3 - 3 \cdot 9$
$25 \stackrel{?}{=} 54 - 5 + 3 - 27$
$25 = 25$

Probe: $12 - 8 \cdot (-4) + 2 \stackrel{?}{=} 46$
$12 + 32 + 2 \stackrel{?}{=} 46$
$46 = 46$

e) $-7x + 4 + 6x - 3 = 3$ | zusammenfassen
$-x + 1 = 3$ | -1
$-x = 2$ | $\cdot (-1)$
$x = -2$

f) $2 = 18 - 8x - 12 + 7x$ | zusammenfassen
$2 = 6 - x$ | -6
$-4 = -x$ | $\cdot (-1)$
$4 = x$

Probe: $-7 \cdot (-2) + 4 + 6 \cdot (-2) - 3 \stackrel{?}{=} 3$
$14 + 4 - 12 - 3 \stackrel{?}{=} 3$
$3 = 3$

Probe: $2 \stackrel{?}{=} 18 - 8 \cdot 4 - 12 + 7 \cdot 4$
$2 \stackrel{?}{=} 18 - 32 - 12 + 28$
$2 = 2$

81 a) $5x + 13 = 38$ | -13
$5x = 25$ | $:5$
$x = 5$

Löse von unten nach oben mithilfe von Umkehraufgaben.

b) $5x - 12 = 2x$ | $-2x$
$3x - 12 = 0$ | $+12$
$3x = 12$ | $:3$
$x = 4$

82 z. B.: $6x + 18 = 36$ | -18
$6x = 18$ | $:6$
$x = 3$

Rechne rückwärts.

83 z. B.: $7x - 15 = -36$ | $+15$
$7x = -21$ | $:7$
$x = -3$

Rechne rückwärts.

84 a) $3x + 8 = 17$ | -8
$3x = 9$ | $:3$
$x = 3$

Löse zunächst die gegebenen Gleichungen.

Mögliche Lösung:
$1,5x + 8 = 17$ | -8
$1,5x = 9$ | $:1,5$
$x = 6$

x soll doppelt so groß sein, also muss der Faktor vor x halbiert werden.

Hast du's gewusst?

b)
$5x - 8 = 7 \quad | +8$
$5x = 15 \quad | :5$
$x = 3$

Mögliche Lösung:
$2{,}5x - 8 = 7 \quad | +8$
$2{,}5x = 15 \quad | :2{,}5$
$x = 6$

c)
$12 - 3x = 3 \quad | -12$
$-3x = -9 \quad | :(-3)$
$x = 3$

Mögliche Lösung:
$24 - 3x = 6 \quad | -24$
$-3x = -18 \quad | :(-3)$
$x = 6$

Verdoppelt man alle Werte bis auf den Faktor vor x, verdoppelt sich auch das Ergebnis.

d)
$0{,}5x - 8 = 4 \quad | +8$
$0{,}5x = 12 \quad | \cdot 2$
$x = 24$

Mögliche Lösung:
$2x - 8 = 4 \quad | +8$
$2x = 12 \quad | :2$
$x = 6$

x soll nur 1 Viertel des jetzigen Ergebnisses sein, also muss der Vorfaktor von x mit 4 multipliziert werden.

85 a)
$6x = 15 \text{ cm} \quad | :6$
$x = 2{,}5 \text{ cm}$

b)
$a + b + c + d = 41 \text{ cm}$
$4x + 2x + 0{,}5 + 2x + 2x + 0{,}5 = 41$
$10x + 1 = 41 \quad | -1$
$10x = 40 \quad | :10$
$x = 4$

Addiere die Seitenlängen.

$a = 4 \cdot 4 \text{ cm} = 16 \text{ cm}$
$b = 2 \cdot 4 \text{ cm} + 0{,}5 \text{ cm} = 8{,}5 \text{ cm} = d$
$c = 2 \cdot 4 \text{ cm} = 8 \text{ cm}$

86 a)
$2x + 5 = x + 7 \quad | -x$
$x + 5 = 7 \quad | -5$
$x = 2$

Auf jeder Seite eine Schachtel wegnehmen.
Auf jeder Seite 5 Streichhölzer wegnehmen.

In jeder Schachtel sind 2 Streichhölzer.

— Hast du's gewusst?

Lösungen

b $2x + 7 = 4x + 3$ $\;|-2x$ Auf jeder Seite 2 Schachteln wegnehmen.
$7 = 2x + 3$ $\;|-3$ Auf jeder Seite 3 Streichhölzer wegnehmen.
$4 = 2x$ $\;|:2$ Die Streichhölzer auf die 2 Schachteln aufteilen.
$2 = x$

In jeder Schachtel sind 2 Streichhölzer.

c $3x + 6 = x + 8$ $\;|-x$ Auf jeder Seite eine Schachtel wegnehmen.
$2x + 6 = 8$ $\;|-6$ Auf jeder Seite 6 Streichhölzer wegnehmen.
$2x = 2$ $\;|:2$ Die Streichhölzer auf die 2 Schachteln aufteilen.
$x = 1$

In jeder Schachtel ist ein Streichholz.

d $x + 7 = 3x + 5$ $\;|-x$ Auf jeder Seite eine Schachtel wegnehmen.
$7 = 2x + 5$ $\;|-5$ Auf jeder Seite 5 Streichhölzer wegnehmen.
$2 = 2x$ $\;|:2$ Die Streichhölzer auf die 2 Schachteln aufteilen.
$1 = x$

In jeder Schachtel ist ein Streichholz.

87

a $3x - 8 = x - 4$ $\;|-x$
$2x - 8 = -4$ $\;|+8$
$2x = 4$ $\;|:2$
$x = 2$

b $15x - 7 = 8x + 14$ $\;|-8x$
$7x - 7 = 14$ $\;|+7$
$7x = 21$ $\;|:7$
$x = 3$

c $22 - 4x = 6x - 8$ $\;|+4x$ Forme am besten immer so um, dass der Faktor vor x positiv ist.
$22 = 10x - 8$ $\;|+8$
$30 = 10x$ $\;|:10$
$3 = x$

d $-12x + 16 = -5x - 5$ $\;|+12x$
$16 = 7x - 5$ $\;|+5$
$21 = 7x$ $\;|:7$
$3 = x$

e $8 - 3x = 6x - 1$ $\;|+3x$
$8 = 9x - 1$ $\;|+1$
$9 = 9x$ $\;|:9$
$1 = x$

Hast du's gewusst?

Lösungen

f $15x - 18 = 22 - 5x$ $\quad | +5x$
$\quad\ \ 20x - 18 = 22$ $\quad | +18$
$\quad\ \ \ \ \ \ \ 20x = 40$ $\quad | :20$
$\quad\ \ \ \ \ \ \ \ \ \ x = 2$

g $3x + 4 - 5x = 2x - 12$ $\quad |$ zusammenfassen
$\quad\ \ -2x + 4 = 2x - 12$ $\quad | +2x$
$\quad\ \ \ \ \ \ \ \ \ \ 4 = 4x - 12$ $\quad | +12$
$\quad\ \ \ \ \ \ \ \ 16 = 4x$ $\quad | :4$
$\quad\ \ \ \ \ \ \ \ \ \ 4 = x$

h $12 + 3x - 4 = 12x - 5x$ $\quad |$ zusammenfassen
$\quad\ \ \ \ 8 + 3x = 7x$ $\quad | -3x$
$\quad\ \ \ \ \ \ \ \ \ \ 8 = 4x$ $\quad | :4$
$\quad\ \ \ \ \ \ \ \ \ \ 2 = x$

i $16x + 5 - 7x = 18 + 9x - 7 + 6x$ $\quad |$ zusammenfassen
$\quad\ \ \ \ \ 9x + 5 = 11 + 15x$ $\quad | -9x$
$\quad\ \ \ \ \ \ \ \ \ \ 5 = 11 + 6x$ $\quad | -11$
$\quad\ \ \ \ \ \ -6 = 6x$ $\quad | :6$
$\quad\ \ \ \ \ \ -1 = x$

j $9x + 13 - 12x + 6 = 22 - 3x + 18 + 7x$ $\quad |$ zusammenfassen
$\quad\ \ -3x + 19 = 40 + 4x$ $\quad | +3x$
$\quad\ \ \ \ \ \ \ \ \ 19 = 40 + 7x$ $\quad | -40$
$\quad\ \ -21 = 7x$ $\quad | :7$
$\quad\ \ \ -3 = x$

88 $4 + x + 6x = x + 7x + x$ $\qquad\qquad$ Die rote und die grüne Strecke sind gleich lang.
$\quad\ \ \ 4 + 7x = 9x$ $\quad | -7x$
$\quad\ \ \ \ \ \ \ \ \ 4 = 2x$ $\quad | :2$
$\quad\ \ \ \ \ \ \ \ \ 2 = x$

x ist 2 cm lang.

89 a $8(3x + 2) = 88$ $\quad |$ Klammern auflösen
$\quad\ \ \ 24x + 16 = 88$ $\quad | -16$
$\quad\ \ \ \ \ \ \ \ 24x = 72$ $\quad | :24$
$\quad\ \ \ \ \ \ \ \ \ \ x = 3$ $\quad$ **E**

Hast du's gewusst?

Lösungen

b $-12 + (8x - 5) = 31$ | Klammern auflösen
      $-12 + 8x - 5 = 31$ | zusammenfassen
      $-17 + 8x = 31$ | $+17$
      $8x = 48$ | $:8$
      $x = 6$ **I**

c $12 - (15 - 2x) = 19$ | Klammern auflösen
      $12 - 15 + 2x = 19$ | zusammenfassen
      $-3 + 2x = 19$ | $+3$
      $2x = 22$ | $:2$
      $x = 11$ **S**

d $-30 = -3(4x + 8) + 9x$ | Klammern auflösen
      $-30 = -12x - 24 + 9x$ | zusammenfassen
      $-30 = -3x - 24$ | $+24$
      $-6 = -3x$ | $:(-3)$
      $2 = x$ **B**

e $4(3x - 5) + 3x = 12x + 15 - 7x + 5$ | Klammern auflösen
      $12x - 20 + 3x = 5x + 20$ | zusammenfassen
      $15x - 20 = 5x + 20$ | $-5x$
      $10x - 20 = 20$ | $+20$
      $10x = 40$ | $:10$
      $x = 4$ **L**

f $-8x + 47 = 18 - (3x + 6)$ | Klammern auflösen
      $-8x + 47 = 18 - 3x - 6$ | zusammenfassen
      $-8x + 47 = 12 - 3x$ | $+8x$
      $47 = 12 + 5x$ | -12
      $35 = 5x$ | $:5$
      $7 = x$ **U**

g $7x - (8x + 6) = 9x + 2(-3x - 5)$ | Klammern auflösen
      $7x - 8x - 6 = 9x - 6x - 10$ | zusammenfassen
      $-x - 6 = 3x - 10$ | $+x$
      $-6 = 4x - 10$ | $+10$
      $4 = 4x$ | $:4$
      $1 = x$ **M**

Hast du's gewusst?

Lösungen

h
$$13(2x-5)-18 = 16x-(8x-9)-2 \quad | \text{Klammern auflösen}$$
$$26x-65-18 = 16x-8x+9-2 \quad | \text{zusammenfassen}$$
$$26x-83 = 8x+7 \quad |-8x$$
$$18x-83 = 7 \quad |+83$$
$$18x = 90 \quad |:18$$
$$x = 5 \quad \textbf{E}$$

Lösungswort: **E I S B L U M E**

90
$$(12x-5)-(3x+8) = 12x-16$$
$$12x-5-3x-8 = 12x-16 \quad | \text{erst zusammenfassen}$$
$$9x-13 = 12x-16 \quad |-9x$$
$$-13 = 3x-16 \quad |+16$$
$$3 = 3x \quad |:3$$
$$1 = x$$

Der Fehler ist Lisa in der 3. bzw. 4. Zeile passiert. Sie addiert auf beiden Seiten 5, allerdings addiert sie auf der linken Seite 2-mal die 5. Fasst man zuerst auf beiden Seiten zusammen, ist die Gefahr, dass einem dieser Fehler unterläuft, geringer.

91

a
$$12(4{,}5x-8) = 0{,}4(-5x+10)+12 \quad | \text{Klammern auflösen}$$
$$54x-96 = -2x+4+12 \quad | \text{zusammenfassen}$$
$$54x-96 = -2x+16 \quad |+2x$$
$$56x-96 = 16 \quad |+96$$
$$56x = 112 \quad |:56$$
$$x = 2$$

b
$$\frac{1}{2}(4x-9)-\frac{3}{4}x = (8+3)\cdot\frac{1}{4}x \quad | \text{Klammern auflösen}$$
$$2x-4{,}5-0{,}75x = 11\cdot 0{,}25x \quad | \text{zusammenfassen}$$
$$1{,}25x-4{,}5 = 2{,}75x \quad |-1{,}25x$$
$$-4{,}5 = 1{,}5x \quad |:1{,}5$$
$$-3 = x$$

c
$$15{,}2-8{,}3x\cdot 3 = 6{,}1-(-5{,}1x+5{,}9) \quad | \text{Klammern auflösen}$$
$$15{,}2-24{,}9x = 6{,}1+5{,}1x-5{,}9 \quad | \text{zusammenfassen}$$
$$15{,}2-24{,}9x = 0{,}2+5{,}1x \quad |+24{,}9x$$
$$15{,}2 = 0{,}2+30x \quad |-0{,}2$$
$$15 = 30x \quad |:30$$
$$\frac{1}{2} = x$$

Hast du's gewusst?

Lösungen

92 **a** $\dfrac{x}{2}+8=-3x+22$

$\dfrac{1}{2}x+8=-3x+22 \qquad |+3x$

$3{,}5x+8=22 \qquad |-8$

$3{,}5x=14 \qquad |:3{,}5$

$x=4$

b $\dfrac{3x}{4}-9=6x+12$

$\dfrac{3}{4}x-9=6x+12 \qquad \left|-\dfrac{3}{4}x=-0{,}75x\right.$

$-9=5{,}25x+12 \qquad |-12$

$-21=5{,}25x \qquad |:5{,}25$

$-4=x$

c $\dfrac{2x}{5}+2=2x-6$

$\dfrac{2}{5}x+2=2x-6 \qquad \left|-\dfrac{2}{5}x=0{,}4x\right.$

$2=1{,}6x-6 \qquad |+6$

$8=1{,}6x \qquad |:1{,}6$

$5=x$

d $3x-7=\dfrac{4x}{3}+8 \qquad |\cdot 3$

$3x\cdot\mathbf{3}-7\cdot\mathbf{3}=\dfrac{4x}{3}\cdot\mathbf{3}+8\cdot\mathbf{3}$

$9x-21=4x+24 \qquad |-4x$

$5x-21=24 \qquad |+21$

$5x=45 \qquad |:5$

$x=9$

93 **a** $\dfrac{x}{4}+\dfrac{1}{2}=2{,}5-\dfrac{3}{4}x \qquad |\cdot 4$

$\dfrac{x}{4}\cdot\mathbf{4}+\dfrac{1}{2}\cdot\mathbf{4}=2{,}5\cdot\mathbf{4}-\dfrac{3}{4}x\cdot\mathbf{4}$

$x+2=10-3x \qquad |+3x$

$4x+2=10 \qquad |-2$

$4x=8 \qquad |:4$

$x=2$

Hast du's gewusst?

Lösungen

b
$$\frac{2}{3}(x+5) = \frac{1}{3} - \left(3 - \frac{1}{3}x\right)$$
$$\frac{2}{3}x + \frac{10}{3} = \frac{1}{3} - 3 + \frac{1}{3}x$$
$$\frac{2}{3}x + \frac{10}{3} = -\frac{8}{3} + \frac{1}{3}x \qquad |\cdot 3$$
$$\frac{2}{3}x \cdot 3 + \frac{10}{3} \cdot 3 = -\frac{8}{3} \cdot 3 + \frac{1}{3}x \cdot 3$$
$$2x + 10 = -8 + x \qquad |-x$$
$$x + 10 = -8 \qquad |-10$$
$$x = -18$$

c
$$\frac{1}{8}(5x-8) = \frac{6x}{4} + 6$$
$$\frac{5}{8}x - 1 = \frac{6x}{4} + 6 \qquad |\cdot 8$$
$$\frac{5}{8}x \cdot 8 - 1 \cdot 8 = \frac{6x}{4} \cdot 8 + 6 \cdot 8$$
$$5x - 8 = 12x + 48 \qquad |-5x$$
$$-8 = 7x + 48 \qquad |-48$$
$$-56 = 7x \qquad |:7$$
$$-8 = x$$

d
$$\frac{1}{2}\left(\frac{5x}{3} - 8\right) = -\frac{1}{3}(-3x+8) - \frac{1}{3}$$
$$\frac{5x}{6} - 4 = x - \frac{8}{3} - \frac{1}{3}$$
$$\frac{5x}{6} - 4 = x - 3 \qquad |\cdot 6$$
$$\frac{5x}{6} \cdot 6 - 4 \cdot 6 = x \cdot 6 - 3 \cdot 6$$
$$5x - 24 = 6x - 18 \qquad |-5x$$
$$-24 = x - 18 \qquad |+18$$
$$-6 = x$$

94 a
$$-\frac{2x}{6} = \frac{(4x-5)}{3} \qquad |\cdot 6$$
$$-\frac{2x \cdot \cancel{6}}{\cancel{6}} = \frac{(4x-5) \cdot \cancel{6}^{2}}{\cancel{3}}$$
$$-2x = (4x-5) \cdot 2$$
$$-2x = 8x - 10 \qquad |-8x$$
$$-10x = -10 \qquad |:(-10)$$
$$x = 1 \qquad \textbf{H}$$

Hast du's gewusst?

Lösungen

b
$$\frac{(3x-6)}{4} = \frac{1}{2} - \frac{2x}{8} \qquad |\cdot 8$$

$$\frac{(3x-6)\cdot 8^{\,2}}{4} = \frac{1}{2}\cdot 8^{\,4} - \frac{2x\cdot 8}{8}$$

$$(3x-6)\cdot 2 = 4 - 2x$$

$$6x - 12 = 4 - 2x \qquad |+2x$$
$$8x - 12 = 4 \qquad |+12$$
$$8x = 16 \qquad |:8$$
$$x = 2 \qquad \textbf{E}$$

c
$$\frac{(3x+8)}{2} = \frac{(7x-8)}{3} \qquad |\cdot 6$$

$$\frac{(3x+8)\cdot 6^{\,3}}{2} = \frac{(7x-8)\cdot 6^{\,2}}{3}$$

$$(3x+8)\cdot 3 = (7x-8)\cdot 2$$

$$9x + 24 = 14x - 16 \qquad |-9x$$
$$24 = 5x - 16 \qquad |+16$$
$$40 = 5x \qquad |:5$$
$$8 = x \qquad \textbf{L}$$

d
$$\frac{(2x+2)}{5} = -\frac{(2x+2)}{6} \qquad |\cdot 30$$

$$\frac{(2x+2)\cdot 30^{\,6}}{5} = -\frac{(2x+2)\cdot 30^{\,5}}{6}$$

$$(2x+2)\cdot 6 = (-2x-2)\cdot 5$$

$$12x + 12 = -10x - 10 \qquad |+10x$$
$$22x + 12 = -10 \qquad |-12$$
$$22x = -22 \qquad |:22$$
$$x = -1 \qquad \textbf{D}$$

Lösungswort: **H E L D**

95

a Marita und Markus sind zusammen 30 Jahre alt. Markus ist 2 Jahre jünger als Marita.

b Subtrahiert man vom Doppelten einer Zahl 2, so erhält man 30.

c Walter ist doppelt so alt wie Justus. Beide zusammen sind 30 Jahre alt.

d Subtrahiert man von einer gesuchten Zahl 2, so erhält man 30.

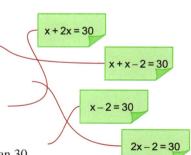

x + 2x = 30

x + x − 2 = 30

x − 2 = 30

2x − 2 = 30

Hast du's gewusst?

96

a Frage: Wie teuer ist ein Kartenspiel?

Kosten für ein Kartenspiel: x €
Kosten für 4 Kartenspiele: 4x €

Kosten für 4 Kartenspiele + 32 € für ein Gesellschaftsspiel = 56 €

$$4x + 32 = 56 \quad | -32$$
$$4x = 24 \quad | :4$$
$$x = 6$$

Ein Kartenspiel kostet 6 €. 4 Kartenspiele (4 · 6 €) und ein Gesellschaftsspiel (32 €) kosten zusammen 56 €.

b Frage: Wie viele Bilder hat Axel und wie viele Bilder hat Daniel gesammelt?

Bilder von Axel: x
Bilder von Daniel: x + 20   20 Bilder **mehr** als Axel

Bilder von Axel + Bilder von Daniel = 180 Bilder

$$x + x + 20 = 180$$
$$2x + 20 = 180 \quad | -20$$
$$2x = 160 \quad | :2$$
$$x = 80$$

Axel hat 80 Bilder und Daniel hat 100 Bilder gesammelt. Zusammen haben sie 180 Bilder gesammelt.

c Frage: Wie viel Geld hat Lucia und wie viel Geld hat Luca im Ferienlager ausgegeben?

Ausgaben Lucia: x €
Ausgaben Luca: x € + 12 €   12 € **mehr** als Lucia

Ausgaben Lucia + Ausgaben Luca = 56 €

$$x + x + 12 = 56$$
$$2x + 12 = 56 \quad | -12$$
$$2x = 44 \quad | :2$$
$$x = 22$$

Lucia hat im Ferienlager 22 € und Luca 34 € ausgegeben. Zusammen haben sie 56 € ausgegeben.

d Frage: Wie viele Lieder hat Maria und wie viele Lieder hat Joana auf ihrem Smartphone?

Lieder von Joana: x
Lieder von Maria: 2x   **doppelt** so viele wie Joana

Lieder von Joana + Lieder von Maria = 240 Lieder

$$x + 2x = 240$$
$$3x = 240 \quad | :3$$
$$x = 80$$

Joana hat auf ihrem Smartphone 80 Lieder und Maria 160 Lieder. Zusammen haben sie 240 Lieder.

Hast du's gewusst?

Lösungen

97 **a** Alter von Keno: x
Alter von Jonte: x + 5   5 Jahre **älter** als Keno

Alter von Keno + Alter von Jonte = 29 Jahre
$$x + x + 5 = 29$$
$$2x + 5 = 29 \quad |-5$$
$$2x = 24 \quad |:2$$
$$x = 12$$

Keno ist 12 Jahre und Jonte 17 Jahre alt. Zusammen sind sie 29 Jahre alt.

b Alter von Nico: x
Alter von Nora: x − 7   7 Jahre **jünger** als Nico

Alter von Nico + Alter von Nora = 23 Jahre
$$x + x - 7 = 23$$
$$2x - 7 = 23 \quad |+7$$
$$2x = 30 \quad |:2$$
$$x = 15$$

Nico ist 15 Jahre und Nora 8 Jahre alt. Beide zusammen sind 23 Jahre alt.

c Alter von Felicia: x
Alter von Vincent: 2x   **doppelt** so alt wie Felicia

Alter von Felicia + Alter von Vincent = 18 Jahre
$$x + 2x = 18$$
$$3x = 18 \quad |:3$$
$$x = 6$$

Felicia ist 6 Jahre und Vincent 12 Jahre alt. Beide zusammen sind 18 Jahre alt.

d Alter des Sohnes: x
Alter des Vaters: 4x   **4-mal** so alt wie der Sohn

Alter des Sohnes + Alter des Vaters = 55 Jahre
$$x + 4x = 55$$
$$5x = 55 \quad |:5$$
$$x = 11$$

Der Sohn ist 11 Jahre und der Vater ist 44 Jahre alt. Beide zusammen sind 55 Jahre alt.

e Alter von Olli: x
Alter von Björn: x − 4   4 Jahre **jünger** als Olli
Alter von Frank: x + 2   2 Jahre **älter** als Olli

Alter von Olli + Alter von Björn + Alter von Frank = 88 Jahre
$$x + x - 4 + x + 2 = 88$$
$$3x - 2 = 88 \quad |+2$$
$$3x = 90 \quad |:3$$
$$x = 30$$

Olli ist 30 Jahre, Björn 26 und Frank 32 Jahre alt. Alle zusammen sind 88 Jahre alt.

Hast du's gewusst?

Lösungen

f Alter von Dennis: x
Alter von Heiko: 0,5x   **halb** so alt wie Dennis
Alter von Mirko: x + 5   5 Jahre **älter** als Dennis
Alter von Dennis + Alter von Heiko + Alter von Mirko = 30 Jahre

$$x + 0{,}5x + x + 5 = 30$$
$$2{,}5x + 5 = 30 \quad |-5$$
$$2{,}5x = 25 \quad |:2{,}5$$
$$x = 10$$

Dennis ist 10 Jahre, Heiko 5 und Mirko 15 Jahre alt. Zusammen sind sie 30 Jahre alt.

98
a z. B.: Johanna ist dreimal so alt wie Jana. Beide zusammen sind 44 Jahre alt.

b z. B.: Matthias ist 8 Jahre älter als Markus. Beide zusammen sind 26 Jahre alt.

99
a
$$7x + 12 = 40 \quad |-12$$
$$7x = 28 \quad |:7$$
$$x = 4$$

b
$$20 - 3x = 2x \quad |+3x$$
$$20 = 5x \quad |:5$$
$$4 = x$$

c
$$32 - x = x + 18 \quad |+x$$
$$32 = 2x + 18 \quad |-18$$
$$14 = 2x \quad |:2$$
$$7 = x$$

Achtung: Hier musst du 18 zur gesuchten Zahl addieren.

d
$$3x + 16 = 5x \quad |-3x$$
$$16 = 2x \quad |:2$$
$$8 = x$$

Achtung: Da das 5-Fache der Zahl um 16 größer ist, musst du 16 zu den 3x addieren.

e
$$(3x + 12) \cdot 2 = 36$$
$$6x + 24 = 36 \quad |-24$$
$$6x = 12 \quad |:6$$
$$x = 2$$

f
$$19 - 4x = 3(13 + 2x)$$
$$19 - 4x = 39 + 6x \quad |+4x$$
$$19 = 39 + 10x \quad |-39$$
$$-20 = 10x \quad |:10$$
$$-2 = x$$

Hast du's gewusst?

Lösungen

100   **a**   z. B.: Addiert man zum 7-Fachen einer unbekannten Zahl 8, so erhält man 22.

     b   z. B.: Subtrahiert man vom 3-Fachen einer unbekannten Zahl 6, so erhält man das 5-Fache der gesuchten Zahl.

     c   z. B.: Die Summe aus einer unbekannten Zahl und 5 ist gleich der Differenz aus dem 3-Fachen der gesuchten Zahl und 5.

     d   z. B.: Subtrahiert man von 36 das 4-Fache einer unbekannten Zahl, so erhält man die Summe aus 8 und dem 3-Fachen der gesuchten Zahl.

     e   z. B.: Verdreifacht man die Differenz aus dem Doppelten einer unbekannten Zahl und 6, so erhält man 18.

     f   z. B.: Verdoppelt man die Summe aus dem 3-Fachen einer unbekannten Zahl und 4, so erhält man die Summe aus 16 und dem Doppelten der gesuchten Zahl.

101   **a** $a + a + a = 45$

           $3a = 45 \qquad |:3$

           $a = 15$

Eine Seite ist 15 cm lang. ($3 \cdot 15\,\text{cm} = 45\,\text{cm}$)

     b $a + a + a + 4 = 28$

           $3a + 4 = 28 \qquad |-4$

           $3a = 24 \qquad |:3$

           $a = 8$

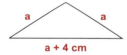

Die beiden Schenkel sind 8 cm und die Grundseite ist 12 cm lang.
($8\,\text{cm} + 8\,\text{cm} + 12\,\text{cm} = 28\,\text{cm}$)

     c $b + b + 3 + b + b + 3 = 34$

           $4b + 6 = 34 \qquad |-6$

           $4b = 28 \qquad |:4$

           $b = 7$

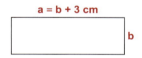

Die Seite b ist 7 cm und die Seite a 10 cm lang.
($2 \cdot 7\,\text{cm} + 2 \cdot 10\,\text{cm} = 34\,\text{cm}$)

     d $a + b + c = 10$

         $2(c - 2) + c - 2 + c = 10$

         $2c - 4 + 2c - 2 = 10$

           $4c - 6 = 10 \qquad |+6$

           $4c = 16 \qquad |:4$

           $c = 4$

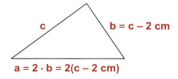

$c = 4\,\text{cm}$
$b = 4\,\text{cm} - 2\,\text{cm} = 2\,\text{cm}$
$a = 2 \cdot 2\,\text{cm} = 4\,\text{cm}$
($4\,\text{cm} + 2\,\text{cm} + 4\,\text{cm} = 10\,\text{cm}$)

Hast du's gewusst?

Lösungen

e
$$a+b+c+d = 20$$
$$2d+1+2d-2+2d+d = 20$$
$$7d-1 = 20 \quad |+1$$
$$7d = 21 \quad |:7$$
$$d = 3$$

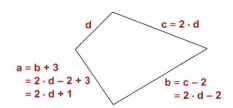

d = 3 cm
c = 2 · 3 cm = 6 cm
b = 6 cm − 2 cm = 4 cm
a = 4 cm + 3 cm = 7 cm

(3 cm + 6 cm + 4 cm + 7 cm = 20 cm)

102 Anzahl der Tafeln Schokolade: x
Masse einer Tafel Schokolade: 100 g

Masse von x Tafeln + Masse des Kartons < 2 kg   2 kg = 2 000 g
$$100x + 150 < 2\,000 \quad |-150$$
$$100x < 1\,850 \quad |:100$$
$$x < 18{,}5$$

18 · 100 g + 150 g = 1 950 g
Man kann 18 Tafeln Schokolade in einem Paket verschicken.

103 a Frage: Wie viel Geld haben Marlene, Max und Tom gespart?

gespartes Geld von Marlene: x €
gespartes Geld von Max: 3x €
gespartes Geld von Tom: x + 10 €

gespartes Geld von Marlene + Max + Tom = 120 €
$$x + 3x + x + 10 = 120$$
$$5x + 10 = 120 \quad |-10$$
$$5x = 110 \quad |:5$$
$$x = 22$$

Marlene hat 22 €, Max hat 66 € und Tom hat 32 € gespart. Zusammen sind das 120 €.

b Frage: Wie alt sind Marius, Marina, Patrizia und Jan?

Alter von Jan: x
Alter von Patrizia: 2x
Alter von Marina: x − 2
Alter von Marius: x + 3

Alter von Jan + Patrizia + Marina + Marius = 56 Jahre
$$x + 2x + x - 2 + x + 3 = 56$$
$$5x + 1 = 56 \quad |-1$$
$$5x = 55 \quad |:5$$
$$x = 11$$

Jan ist 11 Jahre, Patrizia 22, Marina 9 und Marius 14 Jahre alt. Zusammen sind das 56 Jahre.

Hast du's gewusst?

Lösungen

104 Mareikes Einsatz: x
Marions Einsatz: 2x
Milenas Einsatz: 2 · 2x = 4x

Einsatz Mareike + Marion + Milena = 210 000 €
$$x + 2x + 4x = 210\,000$$
$$7x = 210\,000 \quad |:7$$
$$x = 30\,000$$

Mareike bekommt 30 000 €, Marion bekommt 60 000 € und Milena bekommt 120 000 €. Zusammen sind das 210 000 €.

105 Verlust von Kevin: x €
Verlust von Jan: x € + 1 €
Verlust von Lukas: x € + 1 € + 2 € = x € + 3 €
Verlust von Johann: x € + 3 € + 3 € = x € + 6 €

Verlust von Kevin + Jan + Lukas + Johann = Gewinn von Tom
$$x + x + 1 + x + 3 + x + 6 = 22$$
$$4x + 10 = 22 \quad |-10$$
$$4x = 12 \quad |:4$$
$$x = 3$$

Der Verlust von Kevin beträgt 3 €, der Verlust von Jan 4 €, der Verlust von Lukas 6 € und der Verlust von Johann 9 €. Zusammen sind das 22 €.

106 Stimmen für Tanja: x
Stimmen für Timo: 2x
Stimmen für Marian, Nadja und Cem: jeweils x − 3

Stimmen für Tanja + Timo + Marian + Nadja + Cem = Gesamtstimmen
$$x + 2x + x - 3 + x - 3 + x - 3 = 21$$
$$6x - 9 = 21 \quad |+9$$
$$6x = 30 \quad |:6$$
$$x = 5$$

Tanja hat 5 Stimmen bekommen, Timo hat 10 Stimmen bekommen und Marian, Nadja und Cem haben jeweils 2 Stimmen bekommen. Zusammen sind das 21 Stimmen.

107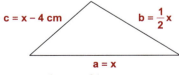

Da a doppelt so lang ist wie b, muss b halb so lang sein wie a. c ist 4 cm kürzer als a.

$$a + b + c = 21\,\text{cm}$$
$$x + \tfrac{1}{2}x + x - 4 = 21$$
$$2{,}5x - 4 = 21 \quad |+4$$
$$2{,}5x = 25 \quad |:2{,}5$$
$$x = 10$$

Hast du's gewusst?

Lösungen

a = 10 cm
b = $\frac{1}{2}$ · 10 cm = 5 cm
c = 10 cm − 4 cm = 6 cm
(6 cm + 10 cm + 5 cm = 21 cm)

108 Lösung durch Probieren:

Anzahl der Fahrzeuge	Anzahl der Motorräder	Anzahl der Autos	Anzahl der Räder
54	20	34	40 + 136 = 176 → zu wenig
54	10	44	20 + 176 = 196 → zu wenig
54	8	46	16 + 184 = 200

Auf dem Parkplatz stehen 8 Motorräder und 46 Autos.

Lösung durch Rechnen:

Anzahl der Autos: x
Anzahl Räder an Autos: 4x   Autos haben 4 Räder.
Anzahl der Motorräder: 54 − x   Zusammen sind es 54 Fahrzeuge.
Anzahl Räder an Motorrädern: 2 · (54 − x)   Motorräder haben 2 Räder.

Insgesamt 200 Räder:
4x + 2 · (54 − x) = 200
4x + 108 − 2x = 200
2x + 108 = 200 | −108
2x = 92 | : 2
x = 46

⇒ 46 Autos, 54 − 46 = 8 Motorräder

Auf dem Parkplatz stehen 8 Motorräder und 46 Autos.

109
$P = \frac{G \cdot p}{100}$ | · 100
$P \cdot 100 = G \cdot p$ | : p
$\frac{P \cdot 100}{p} = G$

110 **a**
$Z = \frac{K \cdot p}{100}$ | · 100
$Z \cdot 100 = K \cdot p$ | : K
$\frac{Z \cdot 100}{K} = p$

b
$Z = \frac{K \cdot p}{100}$ | · 100
$Z \cdot 100 = K \cdot p$ | : p
$\frac{Z \cdot 100}{p} = K$

Hast du's gewusst?

Lösungen

111 $A = g \cdot h$ $\quad | : g$
$\dfrac{A}{g} = h$

112 $A = \dfrac{g \cdot h}{2} \quad | \cdot 2$

$2A = g \cdot h \quad | : g$

$\dfrac{2A}{g} = h$

$\dfrac{2 \cdot 24 \text{ cm}^2}{6 \text{ cm}} = h$

$\dfrac{48 \text{ cm}^2}{6 \text{ cm}} = h$

$8 \text{ cm} = h$

Zuerst musst du die Formel nach der gesuchten Länge h auflösen.

Jetzt kannst du die gegebenen Werte einsetzen und h berechnen.

113
a $A = a \cdot b$

b z. B.: $28 \text{ cm}^2 = 2 \text{ cm} \cdot 14 \text{ cm}$
$28 \text{ cm}^2 = 4 \text{ cm} \cdot 7 \text{ cm}$
$28 \text{ cm}^2 = 1 \text{ cm} \cdot 28 \text{ cm}$

114
a $V = a \cdot b \cdot c$

b z. B.: $96 \text{ cm}^3 = 4 \text{ cm} \cdot 4 \text{ cm} \cdot 6 \text{ cm}$
$96 \text{ cm}^3 = 4 \text{ cm} \cdot 2 \text{ cm} \cdot 12 \text{ cm}$
$96 \text{ cm}^3 = 4 \text{ cm} \cdot 3 \text{ cm} \cdot 8 \text{ cm}$

Dividiere zuerst 96 cm³ durch 4 cm.

115

	g	h	h_K	V
a	7 cm	6 cm	3 cm	**63 cm³**
b	8 cm	4 cm	**6 cm**	96 cm³
c	**8 cm**	3 cm	5 cm	60 cm³
d	4 cm	**4 cm**	8 cm	64 cm³

a $V = \dfrac{g \cdot h}{2} \cdot h_K$

$V = \dfrac{7 \text{ cm} \cdot 6 \text{ cm}}{2} \cdot 3 \text{ cm}$

$V = 63 \text{ cm}^3$

b $V = \dfrac{g \cdot h}{2} \cdot h_K \quad | \cdot 2$

$2V = g \cdot h \cdot h_K \quad | : (g \cdot h)$

$\dfrac{2V}{g \cdot h} = h_K$

$h_K = \dfrac{2 \cdot 96 \text{ cm}^3}{8 \text{ cm} \cdot 4 \text{ cm}}$

$h_K = 6 \text{ cm}$

Hast du's gewusst?

Lösungen

c
$$V = \frac{g \cdot h}{2} \cdot h_K \quad | \cdot 2$$
$$2V = g \cdot h \cdot h_K \quad | : (h \cdot h_K)$$
$$\frac{2V}{h \cdot h_K} = g$$
$$g = \frac{2 \cdot 60 \text{ cm}^3}{3 \text{ cm} \cdot 5 \text{ cm}}$$
$$g = 8 \text{ cm}$$

d
$$V = \frac{g \cdot h}{2} \cdot h_K \quad | \cdot 2$$
$$2V = g \cdot h \cdot h_K \quad | : (g \cdot h_K)$$
$$\frac{2V}{g \cdot h_K} = h$$
$$h = \frac{2 \cdot 64 \text{ cm}^3}{4 \text{ cm} \cdot 8 \text{ cm}}$$
$$h = 4 \text{ cm}$$

116 z. B. Volumen eines Zylinders:
$$V = r^2 \cdot \pi \cdot h_K$$

nach r auflösen:
$$V = r^2 \cdot \pi \cdot h_K \quad | : (\pi \cdot h_K)$$
$$\frac{V}{\pi \cdot h_K} = r^2 \quad | \sqrt{}$$
$$\sqrt{\frac{V}{h_K}} = r$$

nach h_K auflösen:
$$V = r^2 \, \pi \cdot h_K \quad | : (r^2 \cdot \pi)$$
$$\frac{V}{r^2 \cdot \pi} = h_K$$

117
nach m auflösen:
$$F = m \cdot a \quad | : a$$
$$\frac{F}{a} = m$$

nach a auflösen:
$$F = m \cdot a \quad | : m$$
$$\frac{F}{m} = a$$

118
a
$$U = R \cdot I \quad | : I$$
$$\frac{U}{I} = R$$

b
$$R = \frac{U}{I}$$
$$R = \frac{50 \text{ Volt}}{5 \text{ Ampere}}$$
$$R = 10 \text{ Ohm}$$

119
$$V = \frac{1}{3} \cdot a^2 \cdot h_K \quad | \cdot 3$$
$$3V = a^2 \cdot h_K \quad | : a^2$$
$$\frac{3V}{a^2} = h_K$$

Hast du's gewusst?

Lösungen

120 a
$$Z = \frac{K \cdot p}{100} \cdot \frac{\text{Tage}}{360} \quad | \cdot 100 \cdot 360$$
$$Z \cdot 100 \cdot 360 = K \cdot p \cdot \text{Tage} \quad | : (\text{Tage} \cdot p)$$
$$\frac{Z \cdot 36\,000}{\text{Tage} \cdot p} = K$$

b
$$K = \frac{Z \cdot 36\,000}{\text{Tage} \cdot p} \qquad 1 \text{ Jahr} \Rightarrow 360 \text{ Tage}; \tfrac{1}{2} \text{ Jahr} \Rightarrow 180 \text{ Tage}$$
$$K = \frac{3\,€ \cdot 36\,000}{180 \cdot 1{,}2}$$
$$K = 500\,€$$

Theresa hat 500 € angelegt.

121

	a	c	h	A
a	5 cm	7 cm	6 cm	**36 cm²**
b	4 cm	**8 cm**	7 cm	42 cm²
c	**9 cm**	7 cm	5 cm	40 cm²
d	9 cm	5 cm	**6 cm**	42 cm²

a
$$A = \frac{a+c}{2} \cdot h$$
$$A = \frac{5\,\text{cm} + 7\,\text{cm}}{2} \cdot 6\,\text{cm}$$
$$A = 36\,\text{cm}^2$$

b
$$A = \frac{(a+c)}{2} \cdot h \quad | \cdot 2$$
$$2A = (a+c) \cdot h \quad | : h$$
$$\frac{2A}{h} = a+c \quad | -a$$
$$\frac{2A}{h} - a = c$$
$$c = \frac{2 \cdot 42\,\text{cm}^2}{7\,\text{cm}} - 4\,\text{cm}$$
$$c = 8\,\text{cm}$$

c
$$A = \frac{a+c}{2} \cdot h \quad | \cdot 2$$
$$2A = (a+c) \cdot h \quad | : h$$
$$\frac{2A}{h} = a+c \quad | -c$$
$$\frac{2A}{h} - c = a$$
$$a = \frac{2 \cdot 40\,\text{cm}^2}{5\,\text{cm}} - 7\,\text{cm}$$
$$a = 9\,\text{cm}$$

d
$$A = \frac{a+c}{2} \cdot h \quad | \cdot 2$$
$$2A = (a+c) \cdot h \quad | : (a+c)$$
$$\frac{2A}{a+c} = h$$
$$h = \frac{2 \cdot 42\,\text{cm}^2}{9\,\text{cm} + 5\,\text{cm}}$$
$$h = \frac{84\,\text{cm}^2}{14\,\text{cm}}$$
$$h = 6\,\text{cm}$$

Hast du's gewusst?

Lösungen

Test 5

Mögliche halbe bzw. ganze Punkte sind durch halbe (✓) bzw. ganze (✓) Häkchen gekennzeichnet.

1 a $x + 3 = 8$ $|-3$ Man kann auf jeder Seite 3 Kugeln wegnehmen.✓
      $x = 5$ In dem Sack müssen also 5 Kugeln sein, damit die Waage im Gleichgewicht ist.✓

   b $3x + 2 = x + 6$ $|-x$ Man kann auf jeder Seite einen Sack✓ und 2 Kugeln✓ wegnehmen.
       $2x + 2 = 6$ $|-2$ Die 4 Kugeln auf der rechten Seite werden gleichmäßig auf die 2 Säcke verteilt.✓
            $2x = 4$ $|:2$
              $x = 2$ In den Säcken müssen jeweils 2 Kugeln sein, damit die Waage im Gleichgewicht ist.✓

2

x	$x + 5 = 9$	$x - 2 < 2$	$x + 3 > 6$
2	$2 + 5 \stackrel{?}{=} 9$ $7 \neq 9$ f	$2 - 2 \stackrel{?}{<} 2$ $0 < 2$ r	$2 + 3 \stackrel{?}{>} 6$ $5 \not> 6$ f✓
3	$3 + 5 \stackrel{?}{=} 9$ $8 \neq 9$ f✓	$3 - 2 \stackrel{?}{<} 2$ $1 < 2$ r✓	$3 + 3 \stackrel{?}{>} 6$ $6 \not> 6$ f✓
4	$4 + 5 \stackrel{?}{=} 9$ $9 = 9$ r✓	$4 - 2 \stackrel{?}{<} 2$ $2 \not< 2$ f✓	$4 + 3 \stackrel{?}{>} 6$ $7 > 6$ r✓
5	$5 + 5 \stackrel{?}{=} 9$ $10 \neq 9$ f✓	$5 - 2 \stackrel{?}{<} 2$ $3 \not< 2$ f✓	$5 + 3 \stackrel{?}{>} 6$ $8 > 6$ r✓

3 a $3x + 9 = 18$ $|-9$ ✓   b $-2x - 5 = 7$ $|+5$ ✓
       $3x = 9$ $|:3$ ✓ $-2x = 12$ $|:(-2)$ ✓
        $x = 3$ $x = -6$

4

$12x - 9 = 19 - 2x$	$8x - 19 = 6x - 25$	$12 - 5x = -2x + 3$	$5x + 12 = 8 + 3x$
✓	✓	✓	
$x = -3$	$x = 3$	$x = 2$	$x = -2$

$12x - 9 = 19 - 2x$ $|+2x$ $8x - 19 = 6x - 25$ $|-6x$
$14x - 9 = 19$ $|+9$ $2x - 19 = -25$ $|+19$
$14x = 28$ $|:14$ $2x = -6$ $|:2$
$x = 2$ $x = -3$

Hast du's gewusst?

Lösungen

$$12 - 5x = -2x + 3 \quad |+5x$$
$$12 = 3x + 3 \quad |-3$$
$$9 = 3x \quad |:3$$
$$3 = x$$

$$5x + 12 = 8 + 3x \quad |-3x$$
$$2x + 12 = 8 \quad |-12$$
$$2x = -4 \quad |:2$$
$$x = -2$$

5 a
$$5(3x - 6) = 45$$
$$15x - 30 = 45 \quad |+30 ✗$$
$$15x = 75 \quad |:15 ✗$$
$$x = 5 ✓$$

b
$$9 + 0{,}5x + 6 = 5x - 9 - 0{,}5x$$
$$15 + 0{,}5x = 4{,}5x - 9 \quad |-0{,}5x ✗$$
$$15 = 4x - 9 \quad |+9 ✗$$
$$24 = 4x \quad |:4 ✗$$
$$6 = x ✗$$

6
$$2(12 + x) = 4x ✓$$
$$24 + 2x = 4x \quad |-2x ✗$$
$$24 = 2x \quad |:2 ✗$$
$$12 = x ✓$$

Test 6

Mögliche halbe bzw. ganze Punkte sind durch halbe (✗) bzw. ganze (✓) Häkchen gekennzeichnet.

1

Gleichung	zu überprüfendes Ergebnis	Probe	richtig oder falsch?
$3x + 12 = 6x + 6$	$x = 7$	$3 \cdot 7 + 12 \stackrel{?}{=} 6 \cdot 7 + 6$ ✗ $21 + 12 \stackrel{?}{=} 42 + 6$ $33 \neq 48$	falsch ✗
$9 - 3x = 5x + 1$	$x = 1$	$9 - 3 \cdot 1 \stackrel{?}{=} 5 \cdot 1 + 1$ ✗ $9 - 3 \stackrel{?}{=} 5 + 1$ $6 = 6$	richtig ✗
$4 + \dfrac{x}{5} = -5 + 2x$	$x = 5$	$4 + \dfrac{5}{5} \stackrel{?}{=} -5 + 2 \cdot 5$ ✗ $4 + 1 \stackrel{?}{=} -5 + 10$ $5 = 5$	richtig ✗

Hast du's gewusst?

Lösungen

2 a
$$18x + 23 - 12x - 16 = 4x + 28 - 6x - 5$$
$$6x + 7 = -2x + 23 \quad | +2x$$
$$8x + 7 = 23 \quad | -7$$
$$8x = 16 \quad | :8$$
$$x = 2$$

b
$$12x - (15 + 3x) = 4(6 - x)$$
$$12x - 15 - 3x = 24 - 4x$$
$$9x - 15 = 24 - 4x \quad | +4x$$
$$13x - 15 = 24 \quad | +15$$
$$13x = 39 \quad | :13$$
$$x = 3$$

3
$$3x + 8 = -16 - 5x \quad | +5x$$
$$8x + 8 = -16 \quad | -8$$
$$8x = -24 \quad | :8$$
$$x = -3$$

4

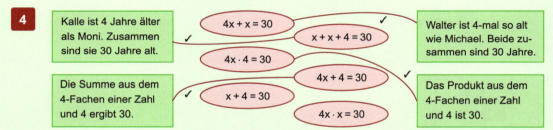

Kalle ist 4 Jahre älter als Moni. Zusammen sind sie 30 Jahre alt. — $x + x + 4 = 30$ ✓

Walter ist 4-mal so alt wie Michael. Beide zusammen sind 30 Jahre. — $4x + x = 30$ ✓

Die Summe aus dem 4-Fachen einer Zahl und 4 ergibt 30. — $4x + 4 = 30$ ✓

Das Produkt aus dem 4-Fachen einer Zahl und 4 ist 30. — $4x \cdot 4 = 30$

5 Kosten für einen Winterreifen: x

4 Winterreifen + Montagekosten = 296 €
$$4x + 36 = 296 \quad | -36$$
$$4x = 260 \quad | :4$$
$$x = 65$$

Ein Winterreifen kostet 65 €. 4 Winterreifen mit Montagekosten $4 \cdot 65 \text{ €} + 36 \text{ €} = 296 \text{ €}$.

6
$$P = \frac{G \cdot p}{100} \quad | \cdot 100$$
$$P \cdot 100 = G \cdot p \quad | :G$$
$$\frac{P \cdot 100}{G} = p$$

— Hast du's gewusst?

Lösungen

Test 7

Mögliche halbe bzw. ganze Punkte sind durch halbe (✗) bzw. ganze (✓) Häkchen gekennzeichnet.

1
$$12 - (3x + 6) = 3(2x + 8)$$
$$12 - 3x - {}^{✗}6 = 6x + \mathbf{24}\,{}^{✗}$$
$$6 - 3x = 6x + 24 \quad\quad |+3x\,{}^{✗}$$
$$6 = 9x + 24 \quad\quad |-24\,{}^{✗}$$
$$-18 = 9x \quad\quad |:9\,{}^{✗}$$
$$-2 = x\,{}^{✗}$$

2 a
$$5(3x - 6) + 15 = -3(8 - 3x) + 3$$
$$15x - 30 + 15 = -24 + 9x + 3\,{}^{✗}$$
$$15x - 15 = -21 + 9x \quad\quad |-9x\,{}^{✗}$$
$$6x - 15 = -21 \quad\quad |+15\,{}^{✗}$$
$$6x = -6 \quad\quad |:6\,{}^{✗}$$
$$x = -1\,{}^{✗}$$

b
$$\frac{5x - 2}{4} = \frac{8 - x}{3} \quad\quad |\cdot 12\,{}^{✗}$$
$$\frac{(5x - 2) \cdot \cancel{12}^{\,3}}{\cancel{4}} = \frac{(8 - x) \cdot \cancel{12}^{\,4}}{\cancel{3}}$$
$$3(5x - 2) = 4(8 - x)\,{}^{✗}$$
$$15x - 6 = 32 - 4x \quad\quad |+4x\,{}^{✗}$$
$$19x - 6 = 32 \quad\quad |+6\,{}^{✗}$$
$$19x = 38 \quad\quad |:19\,{}^{✗}$$
$$x = 2\,{}^{✗}$$

3   z. B.:
$$6x + 4 = 34 \quad |-4\,✓$$
$$6x = 30 \quad |:6\,✓$$
$$x = 5$$

Beginne mit dem Ergebnis und rechne rückwärts.

4
$$-3x = 4x - 21\,✓ \quad |-4x\,{}^{✗}$$
$$-7x = -21 \quad |:(-7)\,{}^{✗}$$
$$x = 3\,✓$$

Hast du's gewusst?

Lösungen

5 Verdienst im Juli: x
Verdienst im August: x + 160 €

Verdienst im Juli + Verdienst im August = 720 €
$$x + x + 160 = 720 \checkmark$$
$$2x + 160 = 720 \quad |-160$$
$$2x = 560 \quad |:2$$
$$x = 280$$

Finja hat im Juli 280 € und im August 440 € verdient. Zusammen sind das 720 €.

6
$$A = \frac{a+c}{2} \cdot h \quad |\cdot 2 \checkmark$$
$$2A = (a+c) \cdot h \quad |:(a+c) \checkmark$$
$$\frac{2A}{(a+c)} = h \checkmark$$

Hast du's gewusst?

Liebe Kundin, lieber Kunde,

der STARK Verlag hat das Ziel, Sie effektiv beim Lernen zu unterstützen. In welchem Maße uns dies gelingt, wissen Sie am besten. Deshalb bitten wir Sie, uns Ihre Meinung zu den STARK-Produkten in dieser Umfrage mitzuteilen:

www.stark-verlag.de/feedback

Als Dankeschön verlosen wir einmal jährlich, zum 31. Juli, unter allen Teilnehmern ein aktuelles Samsung-Tablet. Für nähere Informationen und die Teilnahmebedingungen folgen Sie dem Internetlink.

Herzlichen Dank!

Haben Sie weitere Fragen an uns?
Sie erreichen uns telefonisch **0180 3 179000***
per E-Mail **info@stark-verlag.de**
oder im Internet unter **www.stark-verlag.de**

Lernen ▪ Wissen ▪ Zukunft

*9 Cent pro Min. aus dem deutschen Festnetz, Mobilfunk bis 42 Cent pro Min. Aus dem Mobilfunknetz wählen Sie die Festnetznummer: **08167 9573-0**

Erfolgreich durch alle Klassen mit den **STARK** Reihen

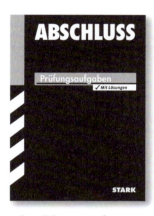

Abschlussprüfung

Anhand von Original-Aufgaben die Prüfungssituation trainieren. Schülergerechte Lösungen helfen bei der Leistungskontrolle.

Training

Prüfungsrelevantes Wissen schülergerecht präsentiert. Übungsaufgaben mit Lösungen sichern den Lernerfolg.

Klassenarbeiten

Praxisnahe Übungen für eine gezielte Vorbereitung auf Klassenarbeiten.

STARK in Klassenarbeiten

Schülergerechtes Training wichtiger Themenbereiche für mehr Lernerfolg und bessere Noten.

Kompakt-Wissen

Kompakte Darstellung des prüfungsrelevanten Wissens zum schnellen Nachschlagen und Wiederholen.

Und vieles mehr auf www.stark-verlag.de

Den Abschluss in der Tasche – und dann?

In den **STARK** Ratgebern findest du alle Informationen für einen erfolgreichen Start in die berufliche Zukunft.

Alle Titel zu Beruf & Karriere
www.berufundkarriere.de

Bestellungen bitte direkt an
STARK Verlagsgesellschaft mbH & Co. KG · Postfach 1852 · 85318 Freising
Tel. 0180 3 179000* · Fax 0180 3 179001* · www.stark-verlag.de · info@stark-verlag.de

*9 Cent pro Min. aus dem deutschen Festnetz, Mobilfunk bis 42 Cent pro Min. Aus dem Mobilfunknetz wählen Sie die Festnetznummer: **08167 9573-0**

Lernen · Wissen · Zukunft
STARK